"十三五"国家重点图书出版规划项目

国家出版基金项目
NATIONAL PUBLICATION FOUNDATION

中国特色畜禽遗传资源保护与利用丛书

二 花 脸 猪

黄瑞华　主编

U0395156

中国农业出版社

北　京

图书在版编目（CIP）数据

二花脸猪/黄瑞华主编 . —北京：中国农业出版社，2020.1
（中国特色畜禽遗传资源保护与利用丛书）
国家出版基金项目
ISBN 978-7-109-26702-2

Ⅰ. ①二… Ⅱ. ①黄… Ⅲ. ①养猪学 Ⅳ. ①S828

中国版本图书馆 CIP 数据核字（2020）第 046105 号

内容提要：本书由南京农业大学、常州市焦溪二花脸猪专业合作社、常熟市牧工商总公司和苏州苏太企业有限公司等单位的技术人员，结合相关数据和文献资料编写而成，主要介绍了二花脸猪的品种起源与形成过程、品种特征和性能、品种保护、品种繁育、营养需要与常用饲料、饲养管理、疫病防控、养殖场建设与环境控制、猪场废弃物处理及利用模式，以及二花脸猪开发利用与品牌建设。本书可为从事地方猪种遗传资源保护与利用研究及地方猪种养殖的人员提供参考。

中国农业出版社出版
地址：北京市朝阳区麦子店街 18 号楼
邮编：100125
责任编辑：王森鹤
版式设计：杨 婧 责任校对：吴丽婷
印刷：北京通州皇家印刷厂
版次：2020 年 1 月第 1 版
印次：2020 年 1 月北京第 1 次印刷
发行：新华书店北京发行所
开本：720mm×960mm 1/16
印张：11.75 插页：1
字数：205 千字
定价：82.00 元

本书编写人员

主　　编　黄瑞华

副主编　李平华　马　翔　薛　明　陈　杰

参　　编　杜陶然　曹　旸　张　倩　牛　清　黄　媛
　　　　　陆志强　华金弟　李　顺　周五朵

审　　稿　陈瑶生

我国是世界上畜禽遗传资源最为丰富的国家之一。多样化的地理生态环境、长期的自然选择和人工选育，造就了众多体型外貌各异、经济性状各具特色的畜禽遗传资源。入选《中国畜禽遗传资源志》的地方畜禽品种达 500 多个、自主培育品种达 100 多个，保护、利用好我国畜禽遗传资源是一项宏伟的事业。

国以农为本，农以种为先。习近平总书记高度重视种业的安全与发展问题，曾在多个场合反复强调，"要下决心把民族种业搞上去，抓紧培育具有自主知识产权的优良品种，从源头上保障国家粮食安全"。近年来，我国畜禽遗传资源保护与利用工作加快推进，成效斐然：完成了新中国成立以来第二次全国畜禽遗传资源调查；颁布实施了《中华人民共和国畜牧法》及配套规章；发布了国家级、省级畜禽遗传资源保护名录；资源保护条件能力建设不断提升，支持建设了一大批保种场、保护区和基因库；种质创制推陈出新，培育出一批生产性能优越、市场广泛认可的畜禽新品种和配套系，取得了显著的经济效益和社会效益，为畜牧业发展和农牧民脱贫增收作出了重要贡献。然而，目前我国系统、全面地介绍单一地方畜禽遗传资源的出版物极少，这与我国作为世界畜禽遗传资源大国的地位极不相称，不利于优良地方畜禽遗传资源的合理保护和科学开发利用，也不利于加快推进现代畜禽种业建设。

为普及对畜禽遗传资源保护与开发利用的技术指导，助力做大做强优势特色畜牧产业，抢占种质科技的战略制高点，在农业农村部种业管理司领导下，由全国畜牧总站策划、中国农业出版社出版了这套"中国特色畜禽遗传资源保护与利用丛书"。该丛书立足于全国畜禽遗传资源保护与利用工作的宏观布局，组织以国家畜禽遗传资源委员会专家、各地方畜禽品种保护与利用从业专家为主体的作者队伍，以每个畜禽品种作为独立分册，收集汇编了各品种在管、产、学、研、用等相关行业中积累形成的数据和资料，集中展现了畜禽遗传资源领域最新的科技知识、实践经验、技术进展与成果。该丛书覆盖面广、内容丰富、权威性高、实用性强，既可为加强畜禽遗传资源保护、促进资源开发利用、制定产业发展相关规划等提供科学依据，也可作为广大畜牧从业者、科研教学工作者的作业指导书和参考工具书，学术与实用价值兼备。

丛书编委会

2019 年 12 月

序 言

　　我国是世界畜禽遗传资源大国，具有数量众多、各具特色的畜禽遗传资源。这些丰富的畜禽遗传资源是畜禽育种事业和畜牧业持续健康发展的物质基础，是国家食物安全和经济产业安全的重要保障。

　　随着经济社会的发展，人们对畜禽遗传资源认识的深入，特色畜禽遗传资源的保护与开发利用日益受到国家重视和全社会关注。切实做好畜禽遗传资源保护与利用，进一步发挥我国特色畜禽遗传资源在育种事业和畜牧业生产中的作用，还需要科学系统的技术支持。

　　"中国特色畜禽遗传资源保护与利用丛书"是一套系统总结、翔实阐述我国优良畜禽遗传资源的科技著作。丛书选取一批特性突出、研究深入、开发成效明显、对促进地方经济发展意义重大的地方畜禽品种和自主培育品种，以每个品种作为独立分册，系统全面地介绍了品种的历史渊源、特征特性、保种选育、营养需要、饲养管理、疫病防治、利用开发、品牌建设等内容，有些品种还附录了相关标准与技术规范、产业化开发模式等资料。丛书可为大专院校、科研单位和畜牧从业者提供有益学习和参考，对于进一步加强畜禽遗传资源保护，促进资源可持续利用，加快现代畜禽种业建设，助力特色畜牧业发展等都具有重要价值。

中国科学院院士
中国农业大学教授　吴常信

2019 年 12 月

前言

中国作为世界上猪品种资源最丰富的国家之一，拥有地方猪遗传资源 80 余种，而以梅山猪和二花脸猪为主要代表的太湖流域地方猪种，以其优秀的繁殖性能闻名于世。二花脸猪，作为目前已知世界窝总产仔数（42 头）记录最高的猪种，一直以来是"国宝级"保护猪种，被誉为猪中的"大熊猫"。

近年来在国外商业猪种的冲击下，国内地方猪品种的群体数量不断减少，许多猪种已处于濒危状态，品种内的遗传丰度也在不断降低，如太湖流域地方猪种——横泾猪，现已难见其踪迹。二花脸猪虽拥有繁殖性能优秀、肉质鲜美及耐粗饲等一系列特性，但生长速度慢、瘦肉率低的特性也使其未能幸免于国外商业猪种的冲击。在 2005 年 4 月，焦溪及周边地区的原种二花脸母猪仅剩 37 头。此后，常州市焦溪二花脸猪合作社、常熟市牧工商总公司下属国家二花脸猪保种场和苏州苏太企业有限公司联合南京农业大学，对二花脸猪进行了群体恢复与保护，已将二花脸猪群体恢复到一定数量。目前尚没有一本二花脸猪方面的专著，这使得在开展二花脸猪的保护与利用过程中存在一定困难。编写本书旨在全

1

方位地向读者介绍二花脸猪的种质特性、饲养管理及开发利用，为二花脸猪的保护及利用提供一定的理论参考。

　　本书是在来自于常州市焦溪二花脸猪合作社、常熟市牧工商总公司下属国家二花脸猪保种场和苏州苏太企业有限公司的相关数据的基础上，结合已发表、出版的文献资料编写而成。在此，我们向所有提供素材及参与本书编写的同志表示衷心的感谢。由于编写水平有限，本书中内容难免有不妥之处，敬请各位读者批评指正。

编　者

2019 年 5 月

目

录

第一章
二花脸猪品种起源与形成过程

第一节　二花脸猪产区自然生态条件

一、原产地

二花脸猪的原产地是江苏省常州市天宁区的郑陆镇和经济开发区的横山桥镇（2015 年 7 月前均属武进区管辖），东临无锡市惠山区玉祁镇、江阴市桐岐镇，南接常州市经济开发区遥观镇、横林镇，西毗常州市天宁区青龙街道、经济开发区潞城镇，北靠江阴市西石桥镇、申港镇。

二、分布范围

二花脸猪产区目前主要分布在江苏省境内的无锡市、常州市、靖江市和苏州市，多集中在无锡市江阴市的申港、利港、夏岗、西石桥、南闸和常州市武进区的焦溪、郑陆、三河口、新安等乡镇。主要分布于锡山、常熟、张家港、丹阳、宜兴等县市，还分布于丹徒、靖江等县市，以及泰州、南通等部分乡镇。目前，山东、安徽、福建、湖北、江西、辽宁、山西和北京等地区也有引入。

三、产区自然生态环境

二花脸猪主产区位于北亚热带北缘，地势低平，河网密布，植被繁多，物产丰富，农业生产先进。

（一）地理位置

二花脸猪主产区太湖流域位于东经 119°8′—121°12′、北纬 30°5′—32°8′的

东部沿海地区。其他产区的分布则较为分散，但大多都分布在东部、东南部及东北部。

（二）地形地貌

太湖流域地势低平，平均海拔高度维持在4m左右。该地区陆地主要由三角洲平原、湖荡平原、水网平原、高允平原和山前平原组成，形成了以太湖为中心的江南平原地带，这些平原地区占太湖流域总面积的58.3%，其间错落分布着由石灰岩风化形成的舜山、凤凰山、横山等低山丘陵。太湖流域位于长江下游的水网区，区内有水域面积近2 000hm²，占水网区总土地面积的15%。河流纵横密布，形成以舜河、三山港为经，北塘河为纬，北通长江、南连运河的水系。

（三）气候

太湖流域属北亚热带和中亚热带的过渡地带。该地区气候温润，全年平均气温15.5～16.5℃，其中1月平均气温2.4℃，7月平均气温28.2℃，四季分明。夏季气温略低，冬季稍高，明显属于亚热带季风气候特征；雨量充沛，年平均降水量1 066mm，其中1月平均降水量37.1mm，7月平均降水量163.6mm，每年4月中旬至5月中旬是"桃花水"主要时段，6—7月为梅雨期，平均维持在21d左右，降水量为223.6mm。全年日照时间一般在2 000h左右，年日照百分率平均为47%，以7、8月最高，分别为54%和62%，3—5月多连续阴雨，日照百分率仅40%左右。无霜期长，平均霜期138d，最多166d，最少83d。春季处于冷暖空气交锋频繁和春夏季风交替季节，气温多变；夏季受副热带高压影响，天气炎热多雨，常有东南季风，夏初常有梅雨，夏末易受台风影响；秋季副热带高压逐渐减弱，偏西风开始增强；冬季受大陆冷高压影响多西北风，并有寒潮侵袭。自然灾害主要有干旱、涝渍、连阴雨、低温冷害、冰雹、台风、龙卷风等。

（四）植被

太湖流域四季交替分明，寒冷暑热，雨热同季，具有丰富的光、热、水资源，且有相对较长的无霜期，为多种农作物的生长创造了天然的有利条件。优良的地理环境使该地区的土层比较深厚，含有丰富的有机质。土壤中既有河湖相沉积物又有长江冲积物，主要土壤类型有黄泥土、乌栅土和沙土，以黏土壤质为主，土壤质量优良，因此该地区拥有丰富的植被，并且从北向南植被组成与类型渐趋复杂，长绿树种逐渐增多。北部为北亚热带地带性植被落叶与常绿阔叶混交林，宜溧山区与天目山区均有中亚热带常绿阔叶林分布，但宜溧山区的常绿阔叶林含有不少落叶树种，不同于典型的常绿阔叶林。

（五）物产

太湖流域有耕地 151.1 万 hm^2，其中水田 123.7 万 hm^2，旱地 27.3 万 hm^2，高出全国平均水平，优良的土壤非常适合水稻等农作物的生长，因此该地区形成了以水稻为主，小麦、棉花、油菜、茶叶为辅的农作物产地，其中水稻占主导地位，比例高达 90% 以上。每公顷耕地产出的农业产值超过全国平均值的 1 倍以上，粮食产量则比全国平均水平高出 37% 以上。丰富的水网也非常适合水生动物和植物的生长，是淡水鱼的主要产地，同样也是水葫芦、水芹菜、绿萍等水生植物的生长地区。该区域林果也很多，种植面积 5.69 万 hm^2，主要有葡萄、枇杷、杨梅等。

（六）农业生产特点

据考古资料表明，太湖流域是我国最古老的农业文化区之一，吴县阳澄湖畔草鞋山、铜山罗家角等遗址发现籼粳型稻谷、猪犬遗骨和竹器，表明距今 5 000～6 000 年前我们的祖先就已经过着种植业为主的定居生活。东晋时大量北人南迁，生产力大大提高，修田筑塘，拓地垦种，农业生产迅速发展。在耕作制度上广泛推行轮作、复种、间种、套种制，形成一套较完整的用地体系，粮食生产有显著发展，开始南粮北调。现今，已逐渐形成各类适合当地自然经济条件的产业结构，如"粮油、蚕、桑、蔬菜、畜牧、水产""粮油、蚕桑、渔业、畜牧""粮油、蚕桑、林、茶、畜牧、水产""林、茶、畜、粮""粮、林、畜、蚕、菌类"等，使得太湖流域的农业经济进一步得到提升。

第二节　二花脸猪品种形成的历史过程

二花脸猪是经过长期选育而形成的地方品种，是我国江苏南部东、西猪种杂交的产物。由于环境、饲养方式及选育方式等不同，导致产生三种类型的二

花脸猪：①焦溪猪，原产于武进的焦溪和江阴的申港一带，又称为"北河种""强种"或"弥陀佛猪"。分布在长江以南的二花脸猪基本都是这一类型。焦溪猪受大花脸猪影响较大，生产性能和体型接近大花脸猪，可以说是重型的二花脸猪。②礼士桥猪，原产于靖江的太和公社，而以礼士桥为集散地，因此而得名。礼士桥猪是二花脸猪的典型代表，分布于如皋龙游河以西的长江北岸。已有30余年历史，它的个体较焦溪猪小。③沙胡头猪，分布在启东、海门、南通和如皋的南部，分布面广，但数量较少。沙胡头猪是当地原有大花脸猪和外来的灶猪杂交而成，是一种轻型的二花脸猪。

一、品种起源

二花脸猪是由江苏一带的大花脸猪与米猪杂交后产生小花脸猪，小花脸猪再与大花脸公猪进行回交，经过长期选育而形成的品种（图 1-1）。

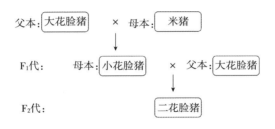

图 1-1　二花脸猪的杂交配套系

（一）父本——大花脸猪

大花脸猪的产区位于江苏省常熟、太仓、沙洲和江阴等地。大花脸猪在明代万历年间（1573—1619 年）就已出现，当时畜主以富户为主，讲究吃肉，特别是蹄髈，要求皮厚而软、脂肪中等、胶质较多，因此培育出了头脸呈"寿"字形、个体大、皮厚、耐粗饲、性情温驯的大花脸猪。

随着太湖流域产业结构的变化，粮食作物面积扩大，饲料供应充足，养猪数量也逐渐增加，形成了"人家畜养以供屠宰，民间亦有孳生者"的养殖状况。到了清代，太湖流域出现了一个有别于长江以北的猪种，其体型大、骨骼粗、皮厚，毛色全黑、全白或黑白花，据《上海县志》记载："邑产皮厚而宽，有重至二百余斤者"，展现了该猪种具有个体大、皮厚的突出特点，极似太湖流域的大花脸猪，百姓称之为"沙猪"或"厚皮猪"。由此可以推测，大花脸猪至少在清代中期时就已在太湖流域存在，并被广泛饲养。

20世纪70年代，江苏宜兴东部靠近太湖的周铁、洋溪、新庄、大浦等地仍见有大花脸猪的养殖，80年代，在武进东部也曾发现其踪迹。据相关地方志记载，苏南一些地区也曾有过花猪的存在，江苏高淳的一种最古老的猪种也是花猪，浙江北部的吉安和临安等地也有体型近似大花脸猪的花猪。由此可以推测，当时的这种花猪已在整个太湖流域普遍饲养。

19世纪中期，太湖流域原有的大花脸猪已不能适应生产力发展的需求，数量逐年减少，几乎灭绝。

（二）母本——米猪

米猪分布于常州、金坛等地区，溧阳、丹徒、丹阳、武进的部分地区也有饲养。19世纪中期，因为太湖流域原有的大花脸猪不能适应生产力发展的需求，所以在江苏的扬中、武进、金坛一带，形成了一种具有个体较小、毛稀皮薄、体质疏松、肉质细嫩、脂肪较厚、早期增重快等特点的新猪种——米猪。米猪因其头长而尖，臀部尖削，形如米粒，故被称为"米猪"，也有地区称其为"小客猪"。

"米猪"是正宗的湖猪，分布于大茅山脉以东，武进魏村穿涌湖经宜兴的高塍、陈塘桥至江苏省界一线以西，长江以南，浙江以北的太湖流域西部，以及江苏中部泰兴的沿江地区。其主要繁殖中心在金坛、溧阳、宜兴的交界处及扬中和永安洲一带。因各地条件有所差异，"米猪"按其分布的具体地理位置又可分为三种类型：北生头（分布于江北泰兴的长江沿岸和扬中县的上洲，是米猪中最原始、最纯正的类型，也是米猪中分布最北端的一种，故名北生头）、大南生（主要分布于溧阳余家桥，经古渎、埭头、大东荡，宜兴的邮堂骚、钮家村至岸头一带，因在北生头之南而得名）和小南生（产于金坛、武进南部和溧阳一带，是米猪的正宗）。大南生和小南生因性情非常接近，常被合称为南生头。

米猪骨骼较细致。头大、额宽，额部皱褶多、深，耳特大、软而下垂，耳尖齐或超过嘴角，形似大蒲扇。全身被毛黑色或青灰色，毛稀疏，毛丛密，毛丛间距大，腹部皮肤多呈紫红色，也有鼻吻白色或尾尖白色的。乳头数多为16～18枚，具有优良的母性繁殖性状，是作为杂交母本的首选品种之一。米

猪由于掺入了沙猪的血统而形成了"米夹沙",成为太湖流域一个代表性猪种。

(三)F₁代——小花脸猪

作为大花脸猪和米猪的后代,小花脸猪遗传了较好的母本性能,近年来小花脸猪的数量也在逐渐减少甚至消亡。

中国的养猪业具有悠久的历史,中国考古学家发现距今5 000~6 000年就已有猪的遗骸。在乾隆年间编修的《武进阳湖合志》之《舆地志》中,有"燕饮昔崇俭素,近亦渐流丰腴,甚或华灯广坐,选部征歌。虽着繁昌,殊乖撙节,鱼丽万物,盛多羔羊,节俭之应也非,士大夫责欤"的记载。当时,随着人口的大量增加,土地利用率日益提高,由于扩大了粮食作物种植面积,加上土地复种指数提高,耕作精细,有机肥料的需求量增加,养猪业随之得到发展。

二花脸猪作为大花脸猪和米猪的杂交后代,在近代才出现。20世纪50年代,对太湖流域的猪种开始初步测定归类,由于猪种类型复杂,因此曾一度把二花脸猪和米猪归为苏北猪。后来江苏省食品公司把产于太湖流域的绵皮种、鸡皮种、大花脸、二花脸、三花脸种及杂交种类称为湖猪,但是还没有完全把品种和类群完全分开。此时尚有大花脸猪、二花脸猪和小花脸猪同时存在。到20世纪50年代后,大花脸猪和小花脸猪逐年减少,二花脸猪的数量逐步增加。20世纪60年代初,根据猪种来源及其经济性状和生理形态特征等外部性状,认为太湖猪包括大花脸猪、湖猪和二花脸猪3个品种群,其品种群内还有类群,此时的二花脸猪还不是严格意义上的二花脸猪。1973年,针对猪种资源的混杂退化现象,对同种异名的猪种类群进行了合理归并命名,此时二花脸猪才是目前我们认知中的二花脸猪。

随着农作物加工副产品增多,加上城镇的粮食和油料等加工副产品较多,精饲料充足,青饲料也有所增加,使猪的饲养期缩短;同时由于二花脸猪产区的精饲料以大麦、米糠、麦麸等为主,青饲料以南瓜、萝卜、青草及水浮莲、水葫芦、水花生等水生饲料为主,使当地生产的饲料磷多钙少,有利于猪生殖器官的发育;加之二花脸猪产区采用垫土、垫草的软圈积肥方式,猪终年饲养于光线较暗的舍内,很少运动,这样经过长期选育,逐渐形成了二花脸猪体型中等、耳大而软、额多皱纹、背腰较软而腹垂、卧系、性情温驯、耐粗饲、生长快速、繁殖力高、肉质鲜美等特征和特性,被国际誉为"世界猪种产仔之王"。

二花脸猪的高产仔和肉质鲜美等优良性状是改良世界猪种和建立我国配套系养猪生产的优良种质资源,其生物价值不亚于大熊猫。

二、品种数量及分布

(一)萌芽期

1973 年以前,太湖流域的猪种类复杂,猪种资源混杂退化,甚至出现了许多"异名同种",没有系统的测定与记录,因此品种数量及分布不详。

(二)繁荣期

1973 年,江苏、浙江、上海的畜牧工作者针对猪种资源混杂现象,对猪种资源进行普查,将产生源头、分布区域、体型外貌、生产力方向和生产性能基本相似的猪种归为一类,对同种异名的猪种类群进行合理的归并命名。将二花脸猪、梅山猪、嘉兴黑猪、枫泾猪、横泾猪、米猪、沙乌头猪统称为太湖猪,1975 年,太湖猪种育种协作组成立,使包括二花脸猪在内的太湖猪进入了一个良好的发展阶段,二花脸猪的数量逐年增加。1976 年,据不完全统计,以二花脸猪为主的太湖猪在金山县有 2.1 万多头、嘉定县有 1.2 万头。1979年有太湖猪母猪约 45.44 万头,仅无锡市二花脸猪存栏量就达 19 万头。20 世纪 90 年代后,由于三元杂交商品瘦肉猪的利用和推广,二花脸猪群体数量急剧下降。部分养殖户对梅(山)×二(花脸)母猪较喜爱,所饲养的地方猪种中梅×二母猪占有相当的比例。1989 年,在太湖猪育种委员会成立 10 周年的时候,太湖猪的数量达到了最高峰,产区分布达 43 个县(市),其中江苏 26个,浙江 9 个,上海 8 个,纯种母猪达 61.24 万头,其中二花脸母猪约占36.7%,所占比例最大。由于二花脸猪产仔率高,瘦肉率比大花脸猪高,到20 世纪 70 年代,二花脸猪母猪约 45.44 万头,仅无锡市存栏二花脸猪就达 19万头。20 世纪 80 年代及以前,二花脸猪主要分布于无锡、常州和苏州各地,是苏南养猪生产的当家品种。

(三)衰退期

20 世纪 90 年代后,由于三元杂交商品瘦肉猪的利用和推广,二花脸猪群体数量急剧下降,使二花脸猪的原种保护受到严重影响。2005 年 4 月,根据

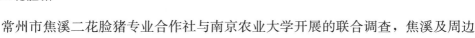
常州市焦溪二花脸猪专业合作社与南京农业大学开展的联合调查，焦溪及周边地区的原种二花脸猪母猪仅剩 37 头。

（四）恢复期

为了拯救濒临灭绝的二花脸猪，常州市焦溪二花脸猪专业合作社在南京农业大学动物科技学院李齐贤、黄瑞华、陈杰、徐银学等教授的指导下，在全国首创以合作社发展种源产业的模式，采取群选群育的方法，以大规模、小群体的发展模式，不断扩大二花脸猪种猪的原种数量。经过多年的积极探索，目前原产地内二花脸猪公猪存栏 18 头，6 个血统，二花脸猪母猪存栏 2 248 头（其中核心保种群 308 头），已成为全国最大的二花脸猪种猪供应基地。另外，常熟市牧工商总公司下属国家二花脸猪保种场和苏州苏太企业有限公司也与南京农业大学合作，进行二花脸猪的保种、育种工作。

2006 年，据江苏省畜牧总站组织全省进行的调查，江苏全省共有二花脸猪母猪 7.46 万头，泰州市最多，占 29.26%；其次为镇江市，占 23.07%；南通市占 13.83%；徐州市占 10.45%；无锡市占 7.19%；连云港市占 5.7%；常州市占 0.52%；其余分布在南京市、宿迁市、扬州市、淮安市等地区。全省共有二花脸猪公猪 400 余头。由于农村产业结构的改变，二花脸猪分布区域受到很大影响，江苏南部养猪数量逐年减少，且大多选择饲养瘦肉率高、生长快的国外种猪，江苏北部的二花脸猪除原产地有分布外，分布区已经明显向北迁移，由江苏省南部向长江以北的苏中地区迁移。

2007 年的中国种猪资源调查发现，原先的二花脸猪母猪之乡江阴市申港镇等地，已几乎没有二花脸猪。

三、品种相关研究

江苏省内二花脸猪保种场锡山区种猪场、常熟市畜禽良种有限公司的两个保种场和苏州苏太企业有限公司均分别与高校合作开展了资源保护及瘦肉系培育等的研究，如 1984 年的"二花脸猪保种选育方案"、1955 年的"太湖猪瘦肉系的培育"、1998 年的"二花脸猪的保种选育与开发利用"等。二花脸猪作为太湖猪的一个类群，1986 年收录于《中国猪品种志》，2000 年被列入《国家畜禽品种保护名录》，2006 年被列入《国家畜禽遗传资源保护名录》。1998—2002 年，南京农业大学和上海农业科学院、上海富民农场等单位合作，用二花脸猪作母本和大约克夏猪、长白猪等杂交培育了"申农1号"猪新品系，经产母猪窝产仔数 12.2 头，胴体瘦肉率 58.21%。

20 世纪 80 年代，范必勤等（1980）和严忠慎等（1981）对二花脸猪的生殖生理进行了研究，葛云山等（1982）对二花脸猪胚胎发育进行了研究，杨茂成等（1992）对二花脸猪和大约克夏猪杂交后代产仔数进行了研究，姜志华等（1997）对二花脸猪和大约克夏猪早期生长性状的母体效应与基因效应进行了研究，黄路生等（2002）对二花脸猪早期生长性状及肌肉组织学特性进行了研究，谈永松等（2006）对二花脸猪的某些免疫指标进行了测定和分析，杜红丽等（2008）对二花脸猪与杜洛克猪繁殖相关基因表达的差异进行了研究，等等。

四、种质资源的利用

（一）杂种优势的利用

利用繁殖性能高和母性好的二花脸猪为母本，与生长速度快、瘦肉率高的外种公猪杂交，经过配合力测定，筛选用于商品生产的二元母猪，是目前二花脸猪产区普遍采用的杂交生产模式。由于二花脸猪与外种猪的配合力较高，所形成的二元母猪一般具有明显的繁殖性能杂种优势。江苏省常熟市畜禽良种场通过长期的试验测定和观察，对比分析了大×二、长×二、杜×二等不同二元母猪的生产性能，结果表明大×二母猪繁殖性能最高，受胎率 92.3%，平均产活仔数 12.7 头，经产母猪产活仔数 14.5 头。大×二二元母猪初情期一般为 4 月龄，介于二花脸猪与大白猪初情期之间，但二元母猪发情期持续 4d，比二花脸猪母猪长 1d。

（二）新品种（系）的培育

由于具有高繁殖性能、肉质优良、耐粗饲等优良种质特性，二花脸猪一直是新品种和新品系培育的理想亲本品种，在苏太猪、苏钟猪等新品种、新品系的培育中发挥着重要的作用。

1. 苏太猪 是以太湖猪为基础培育而成的中国瘦肉型猪新品种，由江苏省苏州苏太企业有限公司培育，以太湖猪为母本，杜洛克为父本，通过杂交创新、横交固定、继代选育，经过 8 个世代选育而成。1999 年通过国家畜禽品种审定委员会的新品种审定。苏太猪保留了母本产仔数多、肉质鲜美、耐粗饲

的优良特性，同时在生长速度、瘦肉率等性状方面有了显著的提高。苏太猪全身被毛黑色，90 kg 体重屠宰率 72.88%、胴体瘦肉率 56%，25～90 kg 体重育肥阶段日增重 623g、饲料利用率为 3.1：1。

2. 苏钟猪　是由江苏省农业科学院畜牧兽医研究所以太湖猪和外来良种猪为亲本培育而成的优质高产瘦肉猪新品种。2001 年通过江苏省新品种审定，被列为江苏省主要推广品种之一。苏钟猪全身被毛白色，平均产仔数 14 头以上，日增重 650g 以上，饲料利用率 3.1：1，胴体瘦肉率 55%～56%。

3. 滇陆猪　是以约×乌二元母猪作母本、长×二二元公猪作父本，自 1993 年开始，通过杂交和横交固定，经 15 年 10 个世代培育而成。其中二花脸猪血统为 25%，乌金猪血统为 25%，长白猪血统为 25%，大白猪血统为 5%。2008 年 11 月通过国家畜禽品种审定委员会的新品种审定。滇陆猪遗传性能稳定，引入二花脸猪血统后，其繁殖性能好，耐粗饲，肉质好，适应性强，同时生长速度较快，适合作优质猪肉生产和杂交母本使用。

五、品种鉴定及保护

已通过国家畜禽遗传资源委员会新品种（品系）审定的苏太猪和正在培育的苏钟猪均含有二花脸猪的血统。大量试验表明，二花脸猪不仅本身具有肉质性能优良的特点，含有二花脸猪血统的杂交猪也表现出优良的肉质性能。

地方品种保护工作需要大量的人力、物力和财力投入，单纯依靠政府部门的扶持往往难以为继。通过产品开发，提升地方良种市场价值，将品种保护与品种经济价值开发紧密联系起来，无疑对地方品种保护具有积极的意义。常州市焦溪二花脸猪专业合作社自 2008 年开始着力打造二花脸猪肉品牌，注册了"焦溪舜溪猪肉"原产地商标，备案公布了《焦溪舜溪猪肉》企业标准，并于 2010 年 4 月获批中华人民共和国农产品地理标志。通过在常武地区力推二花脸猪制作的扣肉、红烧肉、红烧蹄髈等，以及在当地开设二花脸猪肉专卖店，供应纯正优质的二花脸猪肉，让消费者认识和认可优质的二花脸猪肉，进一步通过开发二花脸猪冰鲜猪肉，以小包装的形式进入超市，扩大二花脸猪肉的市场。通过市场的认可，逐步形成优质、优价的猪肉销售理念和体系，借此促进二花脸猪良种保护工作。

第二章
二花脸猪品种特征和性能

第一节　二花脸猪体型外貌

一、外貌特征

二花脸猪体型中等，成年公猪、母猪体重均为 130～150 kg，结构匀称。其全身被毛，毛色浅黑且稀而短软，成年种猪鬐甲部鬃毛长而硬。二花脸猪头大额宽，耳大下垂，吻部稍长且微凹，在鼻额间有一突起横肉，其上有 2～3 道横纹，额部有明显皱褶，分"古寿字"形和"蝙蝠"形两类。二花脸猪四肢稍高，中躯稍长，背腰较软、微凹，腹大下垂而不拖地，后躯宽而稍倾斜，全身骨骼粗壮结实，臀部肌肉欠丰满；母猪乳房发育良好，有效乳头在 9 对以上，多的达 11 对，形状分"葫芦形"和"丁香形"两类。面额部皱纹多少、窝产仔猪中是否带有白脚、耳大小、乳头数可作为鉴别二花脸猪纯度及与其他品种区别的标志。根据外貌特征，二花脸猪在品种内可分两种类型，一种是狮头型，体型较粗大，头面短而皱纹多且深，皮厚，乳头较粗；另一种为马头型，个体较小，骨细，皮相对较薄，毛短软而稍密，头面毛稍少，吻部微凹，皱纹较少且浅，乳头较多。

二、体重体尺

在一般饲养条件下，6 月龄公猪体重（47.56±0.75）kg，体长（94.75±0.64）cm，胸围（80.79±0.61）cm，体高（51.12±0.31）cm；6 月龄母猪体重（49.00±0.39）kg，体长（95.08±0.29）cm，胸围（81.89±0.32）cm，体高（49.30±0.15）cm。成年公猪体重（152.34±4.93）kg，体长（142.00±

3.00）cm，胸围（124.00±0.58）cm，体高（77.73±1.45）cm；成年母猪体重（153.70±4.86）kg,体长（125.57±0.61）cm,胸围（109.09±0.60）cm，体高（63.80±0.28）cm。

第二节　二花脸猪生物学特性

（一）产仔数高

二花脸猪以产仔数多而蜚声海外。初产母猪平均窝产仔（12.11±0.13）头，活产仔数（11.42±0.14）头；经产母猪平均窝产仔（15.93±0.23）头，活产仔数（14.12±0.20）头。最高纪录为一胎产 42 头仔猪，其中活仔 40 头（公仔猪 28 头、母仔猪 12 头），初生窝重 29.6 kg。1 头母猪在一生中，以三至七胎时产仔数最多，八胎以后死胎数则有所增加。初情期日龄为 64 d，体重 15.00 kg，排卵数 9.75 个，且排卵数有随日龄的增加而增加的趋势，3 月龄后排卵数明显增多，5 月龄以后排卵数超过 20 个，8 月龄时虽然体重只有 33.25 kg，但排卵数已达 26 个，已接近成年母猪的排卵数。

（二）母性好

二花脸猪性情温驯，管理人员或生人容易接近。母猪的躺卧动作十分小心，一般都用嘴或下腹部将仔猪推向一边，然后用前膝和腹部逐渐接近地面，慢慢卧下，避免压死仔猪。仔猪出生后 1～2 d 内，可随时吃到母乳，以后只能在一定时间内吮乳。据观察，二花脸猪一昼夜哺乳 20.17 次。经测定，母猪产后前 40 d 的泌乳量为（224.03±25.95）kg，平均每次泌乳量为 260 g；初乳的干物质为 27.72%、蛋白质为 22.82%、脂肪为 3.6%、乳糖为 1.31%、灰分为 0.48%；常乳的干物质为 18.25%、蛋白质为 6.18%、脂肪为 7.85%、乳糖为 3.5%、灰分为 0.73%。母猪初乳较浓，干物质多，且蛋白质含量高，可以满足初生仔猪对营养物质的最大需要量。

（三）性成熟早

在 30 d 母仔猪的卵巢切片中即可见到初级卵泡和次级卵泡，这在所有猪种中是最早的。平均初情期也最早，为 64（48～86）日龄，且发情症状明显，表现为阴户红肿，不安，出现爬跨活动，在公猪试情或用力压背时呆立不动。

发情持续期，后备母猪为 7 （1～13）d，经产母猪为 4 （2～7）d。断乳后发情的间隔时间为 4.5 （2～11）d。初产母猪发情持续时间为 7.06 d，发情周期为 17.0 d；经产母猪发情持续时间为 4.0 d，发情周期为 18.0 d。经产母猪断乳后 4.5 d 发情，妊娠期 114.8 d。

公仔猪的生殖器官在 120 日龄之前生长发育特别迅速，30 日龄时全部生殖器官重 27.03 g，120 日龄时已达 375 g。睾丸的曲精细管发育很快，60 日龄时直径已达 143μm，超过德国长白猪 130 日龄的曲精细管直径（128μm）；其中的初级精母细胞、次级精母细胞、精细胞和精子分别出现在 50 日龄、60 日龄、90 日龄和 120 日龄，精子的出现比巴克夏猪早 2 个月。在 44～63 日龄出现性感应性爬跨，此时体重在 7～12 kg，能追逐爬跨试情母猪，性欲表现很强，有精液和胶状物滴出，但无精子。公猪精液中首次出现精子的日龄为 60～75 d，体重 8～12 kg。平均初情期为 67.60 d，每次射精量为 20.40 mL，每毫升精子密度为 0.37 亿个，精子活率为 27.50%，精子畸形率 49.3%；平均性成熟期为 90.00 d，每次射精量为 20.40 mL，每毫升精子密度为 0.37 亿个，精子活率为 27.50%，精子畸形率为 49.30%。

（四）耐粗饲

二花脸猪能充分利用糠麸、糟渣、甘薯藤、花生秧和各种秸秆等农副产品，可在较低的营养水平及低蛋白质情况下获得增重。二花脸猪对饲料中的粗纤维需求量较大，当饲料中蛋白质和能量水平过高，而粗饲料含量过低时，可导致消化不良和腹泻。耐粗饲能力一般认为与盲肠的发育程度有关，发达的盲肠可提高二花脸猪对饲料粗纤维的消化能力，增加饲料有效能量的供给，这可能是我国地方猪种耐粗饲的原因之一。

（五）其他生物学特性

1. 各日龄体温　二花脸猪一般上午的体温较中午和下午低，中午的体温较下午低。二花脸猪后备猪正常体温值似乎随日龄增长而稍有下降的趋势。二花脸猪后备公猪、母猪间的体温无明显区别。二花脸猪 3～8 月龄期间正常体温与其他猪种的正常体温是相一致的。

2. 呼吸、脉搏次数　二花脸猪每分钟呼吸、脉搏次数均低于长白猪，经 t 检验，差异达极显著水准（$P < 0.01$）。呼吸、脉搏次数受季节影响，夏季高

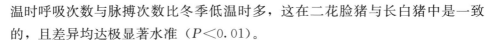

温时呼吸次数与脉搏次数比冬季低温时多，这在二花脸猪与长白猪中是一致的，且差异均达极显著水准（$P<0.01$）。

3. 血液生理指标　　二花脸猪的红细胞数和白细胞数均有一定的差异，公猪高于母猪，而血沉和血小板数则相近。血沉、红细胞数、白细胞数和血小板数的变动范围较大，尤其母猪除血沉外，其他血液生理指标的变动均比公猪更为显著。

4. 血液生化指标　　血液中碱性磷酸酶含量：二花脸猪30～240日龄的血液中碱性磷酸酶的含量呈现显著下降趋势。240日龄血液中碱性磷酸酶含量约为30日龄的1/3。在60～90日龄和150～210日龄期间，表现迅速地大幅度下降，前者可能和断乳有关，后者原因有待进一步研究。各年龄公猪、母猪血液中碱性磷酸酶含量有一定差异，总体公猪多于母猪，且在30日龄时较明显，此日龄公猪血液中碱性磷酸酶含量为（37.40±2.13）U/100 mL，母猪为（30.72±2.96）U/100 mL；60日龄时公猪、母猪血液中碱性磷酸酶含量分别为（33.28±2.01）U/100 mL和（29.03±1.76）U/100 mL，60日龄后公猪、母猪差异逐渐缩小，120日龄、180日龄和240日龄时，公猪、母猪血液中碱性磷酸酶含量分别为（19.63±1.35）U/100 mL和（21.63±1.15）U/100 mL，（19.83±2.247）U/100 mL和（20.30±2.56）U/100 mL，（12.13±1.06）U/100 mL和（11.97±1.31）U/100 mL。

5. 血糖含量　　二花脸猪生长猪在30日龄时血糖含量（1.46 mg/mL）较以后各日龄高。由于母乳中乳糖含量较高，仔猪血糖含量亦较高。30～150日龄，二花脸猪血糖含量呈现下降趋势。150日龄时血糖含量最低（0.80 mg/mL），随后又逐渐上升，180日龄时达1.07 mg/mL，此后基本维持在1.00 mg/mL左右。各年龄二花脸猪公猪、母猪间血糖含量差异不明显。

6. 血红蛋白含量　　二花脸猪5月龄和8月龄血清蛋白质成分是不一致的，会有一定的变化。血清白蛋白含量由29.15%增加为46.22%，差异极显著（$P<0.01$），α-球蛋白含量由23.96%下降为15.96%，差异显著（$P<0.05$），β-球蛋白从19.18%增加到21.18%，差异不显著（$P>0.05$）；γ-球蛋白从27.88%下降为16.55%，差异极显著（$P<0.01$）。这一变化规律，长白猪与二花脸猪完全一致。二花脸猪和长白猪血清蛋白质含量虽有差异，但均不显著（$P>0.05$）。

第三节 二花脸猪生产性能

一、繁殖性能

二花脸猪的产仔性能为世界之冠。1982 年 2 月 17 日，江苏省江阴县月城公社（现为江阴市月城镇）的一头二花脸猪母猪用梅山猪公猪配种，创造了窝产仔 42 头的最高纪录（第 8 胎，产仔 42 头，活仔 40 头）。

2013—2016 年，二花脸猪一胎产仔窝数 211 窝，平均初生窝重 9.0 kg，平均产仔数 11.2 头，平均产活仔数 10.5 头，平均断奶头数 9.8 头，平均断奶窝重 69.1 kg；二胎产仔窝数 133 窝，平均初生窝重 10.6 kg，平均产仔数 12.5 头，平均产活仔数 12.0 头，平均断奶头数 11.0 头，平均断奶窝重 80.6 kg；三胎及三胎以上合计产仔窝数 557 窝，平均初生窝重 12.3 kg，平均产仔数 15.0 头，平均产活仔数 13.9 头，平均断奶头数 12.3 头，平均断奶窝重 89.7 kg（表 2-1 和表 2-2）。

表 2-1 焦溪二花脸猪专业合作社核心群母猪产仔情况的数据平均值

年度	项目	胎次							
		一胎	二胎	三胎	四胎	五胎	六胎	七胎	八胎以上
2013	窝数（窝）	43	11	49	32	54	61	32	21
	产仔数（头）	11.3	13.3	14.3	14.2	16.6	16.9	15.0	15.7
	产活仔（头）	10.5	12.3	13.5	13.3	15.2	15.4	13.6	13.8
	初生窝重（kg）	9.9	11.5	12.4	12.7	13.9	14.1	13.0	13.0
2014	窝数（窝）	48	15	23	31	18	13	30	26
	产仔数（头）	11.1	12.4	14.0	14.2	15.8	17.0	14.9	14.7
	产活仔（头）	10.0	12.3	13.5	13.0	15.2	14.4	13.6	13.7
	初生窝重（kg）	6.6	9.8	10.1	10.4	10.2	11.2	10.5	10.6
2015	窝数（窝）	50	60	35	10	11	12	11	28
	产仔数（头）	11.8	12.9	14.2	14.4	14.9	15.8	15.8	15.2
	产活仔（头）	11.2	12.4	13.0	13.6	14.5	14.3	15.0	13.6
	初生窝重（kg）	9.0	10.0	11.2	13.0	12.5	12.8	13.7	12.0
2016	窝数（窝）	70	47	28	21	11			
	产仔数（头）	10.4	11.5	13.2	13.7	14.5			
	产活仔（头）	10.3	11.1	12.6	13.4	14.0			
	初生窝重（kg）	10.5	10.9	12.7	12.7	14.8			

表 2-2 焦溪二花脸猪专业合作社核心群母猪断奶情况的数据平均值

年度	项目	胎次							
		一胎	二胎	三胎	四胎	五胎	六胎	七胎	八胎以上
2013	断奶头数（头）	8.8	10.2	11.5	12.2	13.5	12.7	10.2	12.4
	断奶窝重（kg）	80.5	105.3	104.7	122.5	139.0	118.8	73.9	93.6
2014	断奶头数（头）	9.9	12.3	13.6	13.0	15.2	14.2	13.6	7.8
	断奶窝重（kg）	64.2	87.0	92.2	92.2	97.8	100.1	94.7	94.0
2015	断奶头数（头）	10.6	11.4	10.7	10.5	12.9	14.3	14.5	9.1
	断奶窝重（kg）	57.4	62.5	64.1	69.1	64.6	66.1	75.2	60.9
2016	断奶头数（头）	9.9	10.0	11.3	11.3	12.8			
	断奶窝重（kg）	74.3	67.6	79.6	78.5	101.0			

以上数据显示，2013 年不论胎次，二花脸猪产仔窝数 303 窝，平均初生窝重 12.6 kg，平均产仔数 14.7 头，平均产活仔数 13.5 头，平均断奶头数 11.4 头，平均断奶窝重 104.8 kg；2014 年不论胎次，二花脸猪产仔窝数 204 窝，平均初生窝重 9.9 kg，平均产仔数 14.3 头，平均产活仔数 13.2 头，平均断奶头数 12.5 头，平均断奶窝重 90.3 kg；2015 年不论胎次，二花脸猪产仔窝数 217 窝，平均初生窝重 11.8 kg，平均产仔数 14.4 头，平均产活仔数 13.5 头，平均断奶头数 11.8 头，平均断奶窝重 65.0 kg；2016 年不论胎次，二花脸猪产仔窝数 177 窝，平均初生窝重 12.3 kg，平均产仔数 12.7 头，平均产活仔数 12.3 头，平均断奶头数 11.1 头，平均断奶窝重 80.2 kg。

二花脸猪的平均初生窝重、平均产仔数、平均产活仔数、平均断奶头数及平均断奶窝重均会随着母猪胎次的增长而增加。这可能是由于母猪随着胎次或年龄的增长，繁殖系统逐渐发育完善及饲养管理水平的改善引起。母猪繁殖性能呈现先逐渐增高，然后进入稳定期，之后又逐渐降低的趋势，这主要与不同年龄母猪繁殖机能的差异有关，因为母猪青年或老年时的繁殖机能较差，而青壮年时最佳。因此，对于一个规模化养猪场来说，保持猪场合理的胎次结构，对于提高猪场的生产水平和效益有直接的影响。

对主要育种场 1979—1980 年的生产统计表明，纯种太湖猪一胎平均产仔数（9.73±0.12）头；二胎平均产仔数（14.19±0.21）头，产活仔数（13.29±0.19）头，断奶仔猪数（10.96±0.15）头；三至七胎的总产仔数为（15.30±0.15）头，活产仔数（13.63±0.13）头，初生窝重（10.40±0.10）kg，断奶窝重（134.97±1.60）kg，断奶仔数（12.08±0.15）头；八胎开始，产仔数有所下降。

二、生长性能

根据 2013—2016 年进行的调查,212 头二花脸猪育成母猪平均日龄是 195 d,体重 52.03 kg,体长 87.93cm,体高 59.18cm,背高 56.80cm,胸围 89.18cm,胸深 55.23cm,腹围 92.70cm,管围 15.95cm,腿臀围 83.33cm;76 头二花脸猪成年母猪平均日龄是 713 d,体重 128.30 kg,体长 119.75cm,体高 72.05cm,背高 62.18cm,胸围 133.03cm,胸深 59.48cm,腹围 142.03cm,管围 19.48cm,腿臀围 101.75cm;4 头二花脸猪育成公猪平均日龄是 217 d,体重 63.0 kg,体长 101.5cm,体高 60.5cm,背高 56.8cm,胸围 106.3cm,胸深 52.8cm,腹围 112.3cm,管围 18.5cm,腿臀围 91.5cm(表 2-3 至表 2-5)。

表 2-3　焦溪二花脸猪专业合作社核心群育成母猪数据测定的平均值

年度	头数	日龄 (d)	体重 (kg)	体长 (cm)	体高 (cm)	背高 (cm)	胸围 (cm)	胸深 (cm)	腹围 (cm)	管围 (cm)	腿臀围 (cm)
2013	4	183	35.2	84.8	50.0	48.3	68.3	45.8	80.5	14.8	78.3
2014	72	217	54.6	87.1	61.0	60.3	95.9	56.7	97.3	15.9	80.9
2015	61	195	57.2	92.5	61.1	57.3	97.2	58.2	95.7	16.5	81.6
2016	75	185	61.1	87.3	64.6	61.3	95.3	60.2	97.3	16.5	92.5

表 2-4　焦溪二花脸猪专业合作社核心群成年母猪数据测定的平均值

年度	头数	日龄 (d)	体重 (kg)	体长 (cm)	体高 (cm)	背高 (cm)	胸围 (cm)	胸深 (cm)	腹围 (cm)	管围 (cm)	腿臀围 (cm)
2013	11	664	105.0	107.9	73.5	47.4	121.3	31.8	140.8	19.6	77.1
2014	14	693	126.0	123.8	75.5	69.0	139.1	70.0	142.9	18.3	131.9
2015	27	719	128.7	116.3	62.3	60.1	121.6	62.2	129.6	19.6	60.8
2016	24	775	153.5	131.0	76.9	72.2	150.1	73.9	154.8	20.4	137.2

表 2-5　焦溪二花脸猪专业合作社育成公猪数据测定的平均值

年度	头数	日龄 (d)	体重 (kg)	体长 (cm)	体高 (cm)	背高 (cm)	胸围 (cm)	胸深 (cm)	腹围 (cm)	管围 (cm)	腿臀围 (cm)
2014	4	217	63.0	101.5	60.5	56.8	106.3	52.8	112.3	18.5	91.5

据葛云山(1981)和王林云(2011)对 57 头二花脸猪生长猪(公猪 26 头,母猪 31 头)在不同生长阶段的称重、体尺进行了测量。90 日龄前,公

猪、母猪体重基本接近，以后随日龄的增长，体重的差距逐渐变大；240日龄母猪体重是公猪的130.57%，这与二花脸猪性成熟早，公猪性欲旺盛（"闹圈"）有关。从平均日增重来看，公猪在181～210日龄为最高（283.33 g），而母猪则在211～240日龄为最高（401.60 g）。

高建国（1992）研究了二花脸猪初生重对其生长速度及育成率的影响，发现初生重在0.9 kg以下，仔猪随着初生重的增加，20日龄、45日龄体重呈上升趋势；初生重在0.9 kg以上的仔猪增重规律不明显；初生重小于或等于0.5 kg时，20日龄、45日龄体重仅为2.344 kg和7.230 kg。初生重对20日龄、45日龄体重及20日龄体重对45日龄体重的相关系数分别为0.527 4、0.353 5和0.732 6，差异显著（$P<0.05$）。

据《江苏省家畜家禽品种志》（1987）记载，二花脸猪后备公猪（77头）6月龄平均体重为（47.56±0.75）kg，体长（94.75±0.64）cm，体高（51.12±0.31）cm；后备母猪（407头）6月龄平均体重为（49.00±0.39）kg，体长（95.08±0.29）cm，体高（49.30±0.15）cm。成年公猪（17头）平均体重为（152.34±4.93）kg，体长（142.00±3.00）cm。二花脸猪是除米猪外太湖流域地方猪种公猪中体型最小的类群，同时也是除梅山猪外太湖流域地方猪种母猪中体型最大的类群。其成年母猪（25头）平均体重为（153.70±4.86）kg，体长（125.57±0.61）cm。

三、育肥性能

二花脸猪体型中等，由于采用分阶段的一条龙饲养法，以及饲料调制和喂饲方法较为细致，所以生长较快，从小就开始积聚体脂，较早熟，个体也较小，一般养9～12个月后猪体重达100 kg左右。

根据苏州苏太企业有限公司对50头二花脸猪育肥猪进行的测定，二花脸猪育肥期平均净增重为44.94 kg，平均日增重为438.00 g，平均料重比为4.46∶1（表2-6）。

表2-6　二花脸猪育肥性能测定结果

头数	起始体重（kg）	结束体重（kg）	净增重（kg）	饲养天数（d）	日增重（g）	料重比
50	25.09±0.94	70.03±1.23	44.94	103	438.00±10.25	4.46±0.21

另据焦溪二花脸猪专业合作社的数据，育肥猪体重从20 kg增长至75 kg

阶段，在全期用料（包括精饲料、青饲料、粗饲料）折合消化能2 900MJ 的条件下，从 85 日龄开始，饲养 130 d 左右，日增重 430 g，料重比约为 4.0∶1。

根据苏州市畜牧兽医站提供的资料，纯种二花脸猪育肥性能并不十分理想。180 日龄去势育肥猪平均体重公猪为 63.7 kg、母猪为 59.6 kg 左右，育肥期平均日增重 350 g 左右；在 3～7 月龄期间（饲养天数 121 d），平均每头用混合精饲料 150～210 kg，青饲料 154～162 kg，折合可消化能 1 931.16～2 641.76MJ，平均日增重 311～401 g。表明二花脸猪每千克增重需精饲料 3.79～4.83 kg，青饲料 3.45～4.03 kg，折合可消化能 49.13～60.94MJ。以上试验表明，二花脸猪每千克增重所需的可消化能达 60.36MJ 以上，比其他类群要多，这可能与其胴体中膘较厚有关；二花脸猪在平均每头消耗可消化能 3 444.32万 MJ 的情况下，日增重可达 475 g，试验结束体重达 71 kg 左右。

王寿宽等（2000）曾经对 27 头二花脸猪进行育肥性能测定，起始平均重 25.848 kg，试验结束平均体重 72.826 kg，试验期平均日增重 366.156 g，平均料重比 4.142∶1。屠宰测定结果表明，平均屠宰体重 73.70 kg，平均瘦肉率 43.94%。

四、屠宰性能

根据苏州苏太企业有限公司对 10 头二花脸猪进行的测定，二花脸猪屠宰率为 65.51%，胴体重为 45.87 kg，瘦肉率为 43.61%，肌肉酸碱度为 pH 6.26，肌内脂肪在 4.11% 左右，肌肉嫩度为 3.33N（表 2-7）。

表 2-7　二花脸猪屠宰性能测定结果

头数	屠宰率（%）	胴体重（kg）	瘦肉率（%）	pH	肉质性状	
					肌内脂肪（%）	肌肉嫩度（N）
10	65.51±0.66	45.87±0.73	43.61±0.76	6.26±0.22	4.11±0.06	3.33±0.19

另据焦溪二花脸猪专业合作社的数据，二花脸猪在体重 75 kg 左右屠宰时，屠宰率 65%，第 6～7 肋背膘厚 3.5cm，胴体瘦肉率 45% 左右。据 2006 年对焦溪二花脸猪专业合作社 10 头二花脸猪进行的屠宰测定，二花脸猪平均宰前活重 61.80 kg，瘦肉率达（45.01±3.29）%，后腿瘦肉率为（52.89±3.00）%。

二花脸猪的肌肉细嫩，肌纤维细而致密，含水量较少，肌内脂肪丰富，呈

大理石状。鲜猪肉的理化指标按《猪肉品质测定技术规范》测定，水分≤75.0%，挥发性盐基氮≤18.0mg/kg，肌肉 pH 6.4～6.8，肌纤维数≥30.0条，肌纤维直径≤30.0μm，肌肉粗脂肪含量≥4.0%，肌肉天门冬氨酸含量≥9.0%。据 2006 年对焦溪二花脸猪专业合作社的 10 头猪用色度仪对肉色进行客观评定，其结果 L 值为 39.17±6.83，a 值为 6.67±1.43，b 值为 5.66±2.29。肌肉剪切力为（38.69±16.80）N，系水力为（63.27±5.95）%，肌内脂肪为（5.15±3.18）%。

根据苏州市畜牧兽医站提供的资料，180 日龄去势育肥猪平均胴体重为公猪 41.6 kg、母猪 38.7 kg，平均屠宰率为 65.3%，净肉（肌肉、脂肪、皮）率为 58.3%，第 6～7 肋背膘厚为 3.67cm 左右，眼肌面积为 19.1cm² 左右，胴体瘦肉率 42.8%，肉骨比 9.32∶1，肌肉中水分 72.53%、干物质 27.47%，其中粗蛋白质 20.77%、粗脂肪 4.48%、灰分 1.05%。

据《江苏省家畜家禽品种志》（1985）记载，1980 年屠宰 2 头体重 61 kg 的二花脸猪，屠宰率 64.39%，眼肌面积 11.23cm²，第 6～7 肋膘厚 33mm，瘦肉率 33.43%，后腿比例 29.65%，花板油比例 9.56%。

第三章
二花脸猪品种保护

第一节　二花脸猪保种概况

一、保种的必要性

我国的二花脸猪、梅山猪、枫泾猪不仅产仔数多，而且具有耐粗饲、性情温驯、肉质鲜美、杂种优势显著等优点，既是提高猪种繁殖力的宝贵遗传资源，又是养猪业中用作经济杂交和合成配套品系的优良母本，因而受到国内外畜牧界的高度重视。美国、英国、泰国、日本、朝鲜、法国、匈牙利、阿尔巴尼亚、罗马尼亚9个国家都已引进梅山猪，并开展了高繁殖性能及杂交利用等多项研究。

20世纪70年代以后，农业部和太湖流域的畜牧部门着手建立国营种猪场，对二花脸猪、梅山猪、枫泾猪、横泾猪、嘉兴黑猪、米猪、沙乌头猪进行选育、保种及推广，积极扩大猪群，纯种猪总头数超过40万头。从20世纪90年代以后，养猪生产者为了满足市场对瘦肉的需求，又大量引进大约克夏、杜洛克、长白猪等瘦肉型公猪与这些纯种猪杂交，生产二元、三元杂交商品猪及纯种瘦肉型商品猪，但导致这些纯种猪数量又急剧减少。长此下去，一方面将导致这些猪品种混杂，另一方面这些猪种数量将日趋减少，很有可能导致绝种。

苏州作为太湖流域地方猪种的主要原产地，拥有4个品种（分别为二花脸猪、梅山猪、枫泾猪、横泾猪）。苏州苏太企业有限公司所属的苏州市苏太猪育种中心，非常重视苏州地区太湖流域地方猪种的保护及开发利用，于2003年起，开始实施二花脸猪、梅山猪及枫泾猪的保种工作。2008年，公司所属

的二花脸猪、梅山猪、枫泾猪资源场被农业部列为第一批国家级畜禽遗传资源保种场；2015年成为省级地方猪遗传资源基因库（苏州）。

2006年6月2日，农业部发布第662号公告，将梅山猪、二花脸猪列入国家级畜禽遗传资源保护名录；2015年1月20日，江苏省农业委员会第3号公告，将二花脸猪、梅山猪、枫泾猪列入江苏省畜禽遗传资源保护名录，反映了这些猪种的保护符合国家政策和社会发展的需要。

农业种质资源是培育优势农产品的源头，正是因为有太湖流域地方猪种，才能培育出中国瘦肉型猪新品种——苏太猪（苏太猪已推广到全国30个省、自治区、直辖市，苏太猪、苏太猪肉分别被评为"江苏省名牌产品"和"江苏省名牌农产品"）；正是因为有这些猪种，我们才能吃到美味可口的优质土猪肉。江苏乃至全国的主要荤食品是猪肉，中国的生猪数量占到全世界的一半，说明我们对优良猪种依赖性很大，二花脸猪、梅山猪、枫泾猪又是中国主要的猪遗传资源之一，因此重点保护及开发利用江苏的畜禽遗传资源，对促进当地主导产业发展、农业增效等有十分重要的意义。

二、保种单位的基本情况

（一）常州市焦溪二花脸猪专业合作社

2011年5月，农业部1587号公告批准常州市武进区郑陆镇、横山桥镇为国家级太湖猪（二花脸猪）保护区。常州市焦溪二花脸猪专业合作社负责保护区内各核心养殖场的二花脸猪的保护、选育、扩繁、种猪销售和猪肉开发利用等工作。

自2015年7月1日起，为适应行政区划调整的现状，经相关部门研究协商，国家级太湖猪（二花脸猪）保护区改由常州市天宁区农业局直接领导。在常州市天宁区政府下发的《区政府办公室关于开展全区畜禽养殖污染整治工作的通知》（常天政办〔2016〕37号）中，明确"新沟村所在区域，三河口村、梧岗村部分区域为二花脸猪适度发展区域，用于二花脸核心猪群的新建、改建、扩建"，为保护区下一步的稳定发展提供了保障。2015年7月，该保护区又确认为江苏省级二花脸猪保护区。

焦溪二花脸猪专业合作社根据苏南土地、环境压力大的特点，建成既分散又相对集中的二花脸猪母猪养殖基地7家、公猪养殖基地1家、肉猪养殖基地

2 家、猪肉加工基地 1 家、二花脸猪专业市场 1 家，畜牧科技有限公司 1 家及二花脸猪研究中心、研究生工作站各 1 家。共有养殖用地 23.3hm²，猪舍 15 600 m²。根据《中华人民共和国环境保护法》和江苏省对畜禽污染防治的相关规定，焦溪二花脸猪专业合作社所属养殖场已全部实现了场内雨污分流、粪尿干湿分离。建设沼气池 5 个，共 1 000m³；建设猪粪堆积池 8 个，共 400m²；建设三格式无害化化尸池 2 个，共 160m³。固体养殖废弃物的循环利用率达到 80% 以上，尿水及冲洗污水全部经管道进入三格式无害化化尸池进行沉淀过滤，防止对环境、水源及周边用户不造成负面影响。

焦溪二花脸猪专业合作社现有专业技术人员 14 名，还聘请了南京农业大学的李齐贤教授为技术顾问，与南京农业大学动物科技学院签订有长期技术合作协议，并在梧岗基地创办了南京农业大学养猪研究所二花脸猪研究中心，在三河口基地成立了南京农业大学研究生工作站，已初步建成了"公司＋合作社＋农户"的保种平台、"养殖场＋加工厂＋专卖店"的利用平台及"研究生工作站＋二花脸养猪研究中心＋信息网络"的支撑平台，二花脸猪保种、选育、科研、扩繁与利用的一体化模式已具雏形。2016 年末保护区存栏二花脸猪公猪 18 头（6 个血统），母猪 2 548 头；核心群母猪 150 头，其中分娩哺乳猪 8 头，空怀妊娠猪 135 头，后备猪 7 头。

保护区采用小群体大规模的保种模式，由合作社用五个统一（统一品种要求、统一饲料要求、统一饲养管理、统一卫生防疫、统一产销信息及销售）对各保种基地场（户）进行统一管理，根据危害分析和关键控制点（HACCP）的分析结果，加强对引种、配种、选留这三个危害关键点的控制，来开展保种工作。

（二）苏州苏太企业有限公司

苏州苏太企业有限公司是江苏省农业科技型企业，也是江苏省农业产业化重点龙头企业、国家级太湖猪（二花脸猪、梅山猪）保种场、省级地方猪遗传资源基因库（苏州）、苏州市创建全国食品消费放心城市先进集体、诚信企业等。

该公司所属的苏州市苏太猪育种中心已连续承担国家"七五""八五""九五"科技攻关项目，并利用太湖猪成功培育了中国瘦肉型猪新品种——苏太猪。公司有自繁自养工厂化规模养猪场 3 个，合计饲养基础母猪 1 500 头以

上，并有自己的畜牧研究所，有种猪选育测定设备。2001年又成立了自己的肉类加工厂，建立了"苏太"优质商品猪肉自产、自宰、自售的产业化一条龙体系。有单班年屠宰加工10万头以上商品猪的冷却肉生产流水线，产品最终形成分割小包装，已在苏州市、吴江区等地设置了50多个"苏太"品牌猪肉专卖店。"苏太"品牌猪肉深受消费者欢迎，长期供不应求。"苏太"猪肉为2015年苏州第53届世界乒乓球锦标赛唯一运动员指定用的猪肉产品。其产品获得江苏省名牌产品、江苏省名牌农产品、江苏省著名商标、苏州市十大名牌农产品、农展会"优质农产品畅销奖"等。

该公司现有18名专业科技人员，还聘请南京农业大学、扬州大学、上海交通大学等全国著名专家、学者作为项目实施单位的技术顾问，为太湖流域地方猪种保种场的保护及开发利用提供了坚强的技术后盾。

该公司的保种场现有猪舍22栋，猪舍建筑面积8 650m²。猪场实行人畜分离，集中饲养，封闭式管理；猪场建筑在总体上做到生产区与生活区隔离，净道与污道分开；种猪、仔猪、育成猪及育肥猪分开饲养管理，从配种、妊娠、分娩、保育、育肥实行全进全出的封闭式饲养管理，猪的饮用水采用自动饮水装置，通风系统和降温设施条件、饲料加工设施等齐全。

该公司保种的太湖流域地方猪种保种场有3个品种，分别为二花脸猪、梅山猪、枫泾猪。其中二花脸猪、梅山猪为国家级保护品种，枫泾猪为省级保护品种。目前，保种场规模为二花脸猪公猪12头、母猪108头；梅山猪公猪12头、母猪103头；枫泾猪母猪102头、公猪12头；每个品种各有6个家系。其保护品种之多，保种规模之大，为全国之最。

第二节　二花脸猪保种目标

一、保种区的保种目标

以高繁殖力和多乳头两个特异性状为重点，兼顾性早熟、肉质好、耐青粗料饲养等优点。保种的实质是保存品种内的遗传多样性，为此，一要保持二花脸猪品种内原有的狮头型和马头型；二要扩增优质性状的公猪血统数。保持核心群母猪数量500头以上，公猪12头以上，三代之内彼此无亲缘关系的家系数不少于8个，每个基地母猪数30头以上，并有3个以上血统的公猪参加配种，保持核心基地与分散基地相结合，发挥小群体、大规模保种模式的诸多优越性。

二、保种场的保种目标

保种场通过二花脸猪的保护、更新及测定选留，使保种场成为全国主要的二花脸猪资源场，为今后开发、利用提供种质资源储备。

（1）二花脸猪的公猪、母猪保护规模分别达到 12 头和 100 头，6 个家系，同时每头种猪血缘清楚。

（2）种猪血缘清楚，繁殖性能、生长发育等主要遗传性状稳定。

（3）各项记录齐全，档案资料完整。

第三节　二花脸猪保种技术措施

一、苏州苏太企业有限公司保种措施

（一）优化保种方案

1. 保种原则　减缓保种群体近交系数增量；保持保种目标性状不丢失、不下降。

2. 制定配种计划　采取分家系轮换进行纯繁与杂交的方法。保种群有 6 个家系，每半个月的纯繁用一个家系，可以使一个季度的 3 个月全群各个家系都有纯繁配种生产。这样可以保证每头公猪都能定期使用，更重要的是，如现有的公猪不能种用，则有后代及时更新补充。制定配种计划时应避免近交，控制群内近交系数上升，降低遗传漂变的危害。

3. 种猪的淘汰更新　通过对照品种标准，淘汰不符合品种标准的种猪及年老病弱、生产性能下降的种猪，使种猪的年更新率达到 25％以上，保持保种群合理的年龄、胎次结构，同时保持每个品种有 6 个家系（三代以内没有血缘关系），防止因淘汰或疾病等导致家系丢失。

4. 种猪的选留　加强种猪的选留测定，采用阶段选择法，全程进行三次选择，分别为产房阶段窝选、测定前选留、测定结束后选留。

（1）窝选　在仔公猪阉割前初选，不留种的适时阉割；在断奶前选留母猪，即实行窝选。选留标准：发育良好，体重在窝平均体重左右；体型符合品种要求，本窝无遗传损征。

（2）测定前选留　该阶段在仔猪从保育猪舍转出前。选留标准：生长发育良好，体重为同年龄猪的平均体重；体型外貌符合种用标准，选择时依据体型外貌鉴定标准执行。

（3）测定结束后选留标准　一般选择生长速度、体尺、膘厚等生产性能接近平均值的后备猪，以及体型符合品种标准的猪，淘汰生产性能数值过高或过低的后备猪。

后备猪测定与留种比例按2∶1的要求执行，以体型外貌符合种用要求及6月龄体重、活体背膘等主要性状接近品种性能平均值的个体留种，以保持二花脸猪、梅山猪生产性能稳定。

5. 保存记录档案　记录档案内容包括：配种记录、哺乳记录、后备猪测定记录、种猪系谱表、公母猪圈头卡记录、种猪淘汰记录、免疫记录、消毒记录、治疗（兽药使用）记录、饲料使用记录、饲料配方、疫病检测报告、饲料质量检验记录、无害化处理记录、种猪销售记录、剖检报告、精液检查记录、饲料生产厂家及兽药（疫苗）供应商证件等。

所有记录归档整理，并分析生产性能变化，根据变化情况调整下一年保种方案。

（二）完善配种方案

根据保种场近几年的保种方法、保种目标性状的变化情况等，结合专家意见，在现有保种方案的基础上，完善和细化保种方案，并作为今后保种的技术指导方针。

配种方案应明确保种猪的主要特征特性、保种原则、保种数量、保种性状目标；明确配种方案、后备猪选留阶段、选留比例与选留标准；明确测定的主要指标和方法；明确需要保存的原始记录；制定保障措施；明确保种效果评估的主要方法和评估指标等。

（三）进行育肥和屠宰测定

按照计划，保种群每3年进行一次同胞育肥测定和屠宰测定，以了解保种群的育肥性能和胴体、肉质性能。主要测定180日龄体重、体尺、活体膘厚、饲料报酬，屠宰后的平均屠宰率、胴体膘厚、瘦肉率，以及肉质性能等。通过进行育肥测定和屠宰测定，及时掌握保种群的育肥性能和肉用性能等是否存在变化，对保种遗传资源进行评估，为今后制定保种方案提供依据。

（四）加强保种场环境控制

1. 保种场周边环境控制　加强与外界环境隔离，使保种场不受周边环境影响。

2. 动物疫病监控　对主要疫病进行疫苗预防，同时定期进行猪场抗体监测，防止疫病发生。

3. 饲料投入品管理及监控　使用农作物饲料，不使用泔脚料、霉变饲料等，并定期监测饲料质量。

（五）开展品种登记

按照农业部《地方猪品种登记实施细则》及《地方猪品种登记实施方案》的要求，开展地方猪品种登记工作，并将相关数据上传至中国地方猪遗传资源信息网网络平台，以便提高猪品种信息数字化管理水平，及时让上级主管部门了解地方猪种资源动态变化情况。

品种登记工作主要内容包括：二花脸猪的基本信息、生长性能、配种信息、分娩哺乳、采精信息和个体变更等，将采集的相关数据上传至中国地方猪遗传资源信息网网络平台。

二、常州市焦溪二花脸猪专业合作社保种措施

（一）完善保种方案

（1）将狮头型与马头型公猪分别投放于不同基地保种群，并在选配同型母猪所生的后代中选留后备公猪、母猪。

（2）通过基因组分子评价技术，对公猪亲缘关系、若干性能性状等进行检测，为在分子水平上创建公猪血统提供依据。

（二）制定留种条件

（1）根据公猪体型、体尺（身长、胸围、腿臀围）、增重速度，以及与配母猪的繁育成绩评价公猪，并选留优秀后代留种，留种率为1∶（3～5）。

（2）选择无遗传损征的高产家系（窝仔多而均匀、母猪哺育性能好、产仔频率高）的仔猪，评定其体质外形（四肢、背腰骨架、胸腹容量）、乳头数及

其排列情况。

（3）仔猪 30 日龄左右断奶时进行窝选。选择高产家系仔猪，评定其体质外形、断奶个体重、乳头数等。

（4）评定 60 日龄仔猪。除符合种猪必备条件（来源及血缘清楚、健康，无遗传损征，体型外貌符合本品种特征，生殖器官发育正常，有效乳头 8 对以上）外，应是一、二级公猪和三级以上母猪交配所生的后代，体重达 12 kg以上。

（5）评定 120 日龄后备种猪。称重，进行外形初步鉴定，淘汰健康状况不良、生长发育迟缓（体重 27 kg 以下）、体型结构不良、有遗传损征者。

（6）评定 180 日龄后备种猪。后备种猪生长发育性能鉴定以体重和体长的综合选择指数为标准。

（7）评定种猪性能。母猪以繁殖性能综合指数为标准，公猪以与配 5 头以上母猪的平均成绩计算。每半年评定一次，将群体平均成绩以下的个体调出核心群，并主动淘汰病、残、老龄、性能低下的个体。

（三）做好保种相关记录

（1）切实做好核心群种猪的个体标记，避免丢牌或编号不清。建立后备猪选留及生长发育记录、配种记录、产仔哺育记录、疾病防治记录，以及各类猪群饲料配方及消耗记录等完整的选育资料。建立技术资料档案，存档备查。

（2）与各相关基地负责人签订《关于做好地方猪品种登记生产记录的协议》，明确记录的内容及要求与奖惩。并指定专人进行检查监督及配合相关测量工作，另有一名技术员负责数据汇总，批量上报。

三、常熟市二花脸猪国家级保种场保种措施

（一）保种目标

二花脸猪全身被毛黑色，体型中等，头大额宽，头部面额皱纹清楚，全身被毛、鬃毛为浅黑色，背腰较软、微凹，腹大下垂，母猪乳头一般 9～11 对，形状分葫芦形和丁香形两类。

二花脸猪是繁殖性能特别优秀的类群，其经产母猪平均总产仔接近 16 头，产活仔 14 头以上。具有繁殖力强、性成熟早、泌乳力高、肉质好、性情温驯、

耐粗饲、适应性强等优点。因此，二花脸猪的保种目标就是保持其特有的性状优势。

（二）保种原则

1. 减缓保种群体近交系数增量　保种的目的在于保存遗传变异，保护优良种性，以备将来利用。在尚无经济条件进行基因或分子水平来检测遗传变异及其变化的条件下，只能从控制近交系数增量上来减少基因或遗传变异丢失的可能性，从表型变异的变化来估计遗传变异的变化。但在经济条件允许的情况下，可利用猪高密度多态位点芯片对公猪群体遗传多态性进行分析。对保种群体来说，要很好地保存遗传变异，群体的年近交系数增量应控制在 0.2%～0.5%。以二花脸猪群体现有的规模和结构，近交系数增量高于这一数值范围，计划在 2021 年使二花脸猪保种群的近交系数增量达到 0.5% 以下。

2. 保持保种目标性状不丢失、不下降　受近交的影响，二花脸猪保种群的繁殖性能有所降低，表现为产仔数的下降和弱仔比例增加导致的仔猪成活率下降。改善饲养管理条件虽可在某种程度上减少生产上的损失，但对于遗传并无改进。计划通过扩大群体规模，降低近交系数增量，并配合适当表型选育和分子标记辅助选育，使初产母猪产仔数保持 11 头以上，经产母猪产仔数保持 15 头以上，经产母猪产仔的断奶成活数量保持 12 头以上。耐粗饲性能和肉质变化的短期效果难以评价，应尽可能维持保种群的原生环境，并跟踪耐粗饲特性及肉质指标的变化。

（三）实施年限、保种目标和保种数量

1. 实施年限　2016—2020 年。

2. 保种数量　基础母猪维持在 120 头以上，年更新率不低于 20%，后备母猪选择强度 25%；生产公猪保持 6 个血统、12 头以上，后备公猪选择强度 12.5%。三代以内没有血缘关系的家系数不少于 6 个，每个公猪血统必须留 2 个后代。继续采取扩充血统的技术路线，为实现公猪血统数拓展到 8 个以上奠定基础。

3. 保种性状目标

（1）总产仔数　一胎 11 头以上；三胎及三胎以上 15 头以上。

（2）生长发育性状　成年公猪（24 月龄以上）体重 150 kg 左右、体长

140cm 左右、体高 75cm 左右；成年母猪（24 月龄以上）体重 130 kg、体长 130cm 左右、体高 72cm 左右。

（3）主要育肥和屠宰性状　180 日龄去势育肥猪平均体重 60 kg 左右；60 kg 去势育肥猪平均屠宰率 63% 左右，第 6～7 肋背膘厚 37mm 左右，胴体瘦肉率 42% 左右。

（4）优良性状　繁殖性能高、肉质好、抗逆性强。

（四）保种方法

二花脸猪的保种仍以活畜保种为主，同时依托南京农业大学技术力量，积极探索活畜保存与冷冻胚胎、冷冻精液和体细胞保存综合应用技术，以提高保种的可靠性。

1. 公母比例与世代间隔　公猪和母猪的参考比例为 1∶10，采用家系等量留种方式，世代间隔为 3～5 年。

2. 后备猪选留数量与依据　后备猪测定与留种比例为 3∶1，将 4 月龄体重、体高、体长、胸围、外貌、活体背膘等主要性状指标接近平均值的个体留作种用。

3. 配种方法　采取分亚组轮换进行纯繁与杂交的方法。将保种群分成几个亚群，间隔若干世代，在亚群间依次轮换种公猪进行纯繁，控制亚群内近交系数的增长速度，降低遗传漂变的危害。

4. 建立完整的记录档案　内容包括配种记录，母猪生产哺乳记录（仔猪断奶时个体称重），种公（母）猪卡，群体世代系谱，饲料消耗记录，防疫和诊疗记录等。在此基础上，建立并完善品种登记制度。

（五）技术措施

1. 加大保种基础猪群规模　按现有的家系采取各家系等量留种法，大比例严格选留后备公猪、母猪，逐年扩大群体。

2. 改进选配方式，降低近交系数的增长速度　采取分组轮换进行纯繁与杂交的方法。将保种群分成 6 个亚群，间隔若干世代在亚群间依次轮换种公猪进行纯繁，控制亚群内近交系数的增长速度，降低遗传漂变的危害。

3. 适当选育，淘汰有害基因　二花脸猪保种群建立的血统来源较少，经过近 40 年的保种，群体的近交程度相对较高，隐性有害基因时有表现，以目前的群体规模，大量淘汰会造成基因和遗传变异的巨大损失，扩群后，逐步淘汰有害基因所造成的不利影响将大大减少。

4. 扩大保种群的血统范围　二花脸猪虽已成为濒危品种，但在农村，仍有品种特征明显的二花脸猪个体，搜寻和引入场外的二花脸猪个体，扩大保种群的血统范围，降低二花脸猪的近交程度，这对提高二花脸猪的保种效果十分重要。

5. 深入开展二花脸猪高繁殖力性状的研究　鉴别二花脸猪高产基因，利用分子手段稳定二花脸猪的繁殖性能。同时，开拓纯种二花脸猪或二花脸猪杂种的利用范围，减少单纯保种给保种场造成的经济压力。

6. 做好品系选育　建立具有适度规模的选育群，根据市场需要，选育高繁殖率、高增重速度、高饲料报酬、瘦肉率高的二花脸猪新品系，提高二花脸猪的生产性能，拓宽二花脸猪的利用范围。

7. 积极引进高新技术　在技术条件成熟时，配合采用冻胚、冻精和体细胞保种，以降低烈性传染病对保种群体的威胁。同时，可通过冻胚、冻精和体细胞的间隔利用，延长世代间隔，提高保种效果。

（六）二花脸猪开发利用方案

发挥保种场的品种优势，充分利用二花脸猪繁殖性能高、耐粗饲性强、肉质好等优点，做好二花脸猪的开发利用，无论是对养猪业的发展还是对丰富市场的肉类供应，乃至二花脸猪种质资源的保存都是有意义的。

利用二花脸猪繁殖性能高、肉脂品质好的优点，与引入品种或培育品种进行二元、三元杂交，可以生产具有不同胴体品质和肉脂品质的商品肉猪，用以满足不同的市场需要。并且，利用 3~5 年的时间，通过开展与二花脸猪相配套的商品猪生产体系的选育工作，建立稳定的二花脸猪配套系种猪核心群，向生产基地提供繁殖力强、肉质好、育肥性能好的二花脸猪新品系，进一步扩大二花脸猪的利用空间。

利用二花脸猪耐粗饲的优点，结合饲料纤维来源、水平的试验，生产安全、无污染、无药残的无公害猪肉，是未来养猪业的又一个增长点，与养殖企业、屠宰加工企业联合，开发无公害肉食品是拓宽二花脸猪品种利用的另一渠道。打出特色品牌，实行优质优价，利用杂交商品猪肉香味美、肌内脂肪含量丰富的优势，增加企业经济效益，逐步减轻国家保种的财政负担，最终实现以开发利用促进保种的目标。

（七）保证措施

1. 加强组织领导　成立由省畜牧总站牵头，有关部门参加的二花脸猪种质资源保护领导小组，组织制定保种规划，负责保种费的筹集，定期检查保种方案的执行情况，发现问题及时解决，使二花脸猪种质资源得到有效保护。同时，为进一步提高二花脸猪的生产性能，以南京农业大学养猪研究所等科研院所为技术依托单位，组成"二花脸猪种质特性挖掘与创新利用"课题攻关组，重点对优秀的繁殖性能、优良的肉脂品质和极高的耐粗饲能力进行研究，把二花脸猪的保种工作提高到一个新水平。

2. 加大政策投入　一是在农业农村部的大力支持下，积极争取省级财政的扶持。争取每年从江苏省良种工程专项和江苏省农业三新工程项目申请一定数量资金用于二花脸猪的保种工作。二是充分发挥地方财政的调控作用。从常熟市的生猪屠宰税、生猪检疫费中拨出一定数量资金用于保种工作，实现利益机制的重新调整。三是依靠人才和技术支撑。制定具体的优惠政策，吸引各类人才到保种场工作，实现用人才和技术优势来保障二花脸猪的保种和开发利用工作。

3. 强化经营管理　一是转变经营理念。通过科技创新、机制创新、体制创新，调动社会各方面的积极性，吸纳社会闲散资金，共同发展养猪事业。二是按保种技术要求，规范技术措施。建立档案，做好品系培育和选种选配，同时制定严格的饲养技术操作规程，保证二花脸猪生产水平的稳定性。三是加强企业管理。确定技术管理人员和职工的考核目标，并通过竞争择优上岗，实行定岗不定人的动态管理，按岗定职、定责、定酬，充分调动管理人员、科技人员和每个职工的积极性和创造性，使保种场的经营管理科学化、规范化。

4. 拓宽二花脸猪的开发利用途径　首先，要加大市场开发力度，加强与龙头企业的合作。保种场要与有关屠宰加工企业联合，充分利用龙头企业的市场、资金及二花脸猪肉质好的优势，实行优势互补，生产优质特色猪肉及肉食加工产品，使二花脸猪的特色品牌尽快占领常熟乃至苏州等周边市场，延伸二花脸猪的生产链条，提高保种场的经济效益。其次，要加大联合开发力度。保种场要通过制定优惠政策招商引资，加大对二花脸猪的开发力度，扩大杂交猪的生产规模，根据市场需求，推广以二花脸猪为母本的三元、四元杂交商品猪，为市场提供绿色安全的优质猪肉；通过建立和推广二花脸猪新品系，打造特色品牌，依靠品牌和质量来提高产品竞争力，实现以利用促进保种的突破。

第四节 二花脸猪种质特性研究

一、繁殖性能

（一）二花脸猪的繁殖特性

1. 性成熟早，繁殖寿命长 在正常饲养条件下，大约克夏猪公猪6月龄左右达到性成熟，8月龄可开始初配，母猪初情期为5月龄左右，一般适宜初配年龄为10月龄左右。而二花脸猪公猪性成熟年龄为4月龄，母猪为3月龄左右；公猪适宜初配年龄为7~8月龄，母猪为5月龄左右。哺乳期二花脸猪母猪掉膘后复膘较快，断奶后很快发情，年产仔胎数可达2.3~2.5胎；母猪使用年限长，有些母猪10多胎时仍然高产。而大约克夏猪母猪一般在8~9胎时产仔数就会发生明显下降，由此可见，二花脸猪较大约克夏猪拥有更长的繁殖寿命。

2. 卵泡发育独特，排卵数多 二花脸猪原始卵泡形成的关键期是胚胎70~90日龄；原始卵泡转变为初级卵泡的主要阶段是胚胎90日龄至出生后1日龄；出生后1日龄可在卵巢中观察到大量次级卵泡；出生后20日龄卵巢中卵泡则由原始卵泡、初级卵泡和次级卵泡组成。与大约克夏猪、大×二二元猪杂交的F_1代，以及F_1代自交形成的F_2代群体相比，二花脸猪的卵巢体积和未成熟卵泡数均比上述3个群体低，而卵泡成熟率、排卵数和妊娠胎儿数则高于这些群体，这表明二花脸猪不仅排卵数多，而且胚胎存活率高。从生殖的角度来说，母猪排卵数是窝产仔数的第一决定因素，其决定了产仔数的上限。李汝敏等（1990）通过对排卵数与产仔数、产活仔数进行相关性分析，发现其相关系数均达到显著水平。研究发现，太湖流域地方猪种的排卵数显著高于其他猪种，因此认为高排卵数是太湖流域地方猪种高繁殖力的基础之一。青年大约克夏猪母猪的平均排卵数为12.2个，长白猪为11.5个，而青年二花脸猪母猪的平均排卵数高达28.16个，远超国外其他猪种水平。由此可知，二花脸猪的高产仔数与其高排卵数有着密切联系。He等（2016）通过连续跟踪记录、分析中国二花脸猪最大保种基地常州市焦溪二花脸猪专业合作社的二花脸猪群体产仔性能发现，二花脸猪群体内存在明显的产仔数表型变异，经产母猪总产仔数

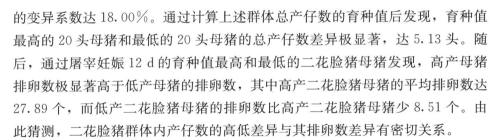

的变异系数达 18.00%。通过计算上述群体总产仔数的育种值后发现，育种值最高的 20 头母猪和最低的 20 头母猪的总产仔数差异极显著，达 5.13 头。随后，通过屠宰妊娠 12 d 的育种值最高和最低的二花脸猪母猪发现，高产母猪排卵数极显著高于低产母猪的排卵数，其中高产二花脸猪母猪的平均排卵数达 27.89 个，而低产二花脸猪母猪的排卵数比高产二花脸猪母猪少 8.51 个。由此猜测，二花脸猪群体内产仔数的高低差异与其排卵数差异有密切关系。

3. 胚胎死亡率低、高子宫容积性及良好的子宫内环境　产仔数是由排卵率、受精率、子宫容积、胚胎成活率等因素综合决定的复合性状，其中胚胎成活率和子宫容积对猪高产起着重要的作用。已有研究发现，太湖流域另一高产地方猪种梅山猪与欧洲猪种相比具有较高的胚胎存活率，其高胚胎成活率主要归因于良好的子宫环境与胚胎质量，而且胚胎具有较高的一致性。对于二花脸猪，协调的胚胎与子宫间的相互关系及较强的胚胎活力，是其高胚胎存活率的一个重要机制。牛树理等（1996）报道，二花脸猪在妊娠 28～30 d 的胚胎着床率、妊娠胎儿数、孕角长度和体积均高于大约克夏猪，但是二花脸猪的每个妊娠胎儿所占的孕角长度和体积却小于大约克夏猪，由此可见，二花脸猪较大约克夏猪拥有更大的子宫容积，是其高产仔数的重要原因之一。He 等（2016）通过屠宰妊娠 12 d 的育种值最高和最低的二花脸猪母猪，以统计高产、低产组胚胎着床率差异，但是由于妊娠 12 d 着床位点难以判定，而且囊胚难以分离，所以没能分析出高产二花脸猪母猪与低产二花脸猪母猪的胚胎着床率是否存在差异。而 Ma 等（2019）通过比较妊娠 12 d 高产、低产二花脸母猪的子宫冲洗液中 Ca^{2+} 含量，发现高产组的 Ca^{2+} 含量要显著高于低产组。Ca^{2+} 作为钙黏蛋白的基础组成成分，与胚胎附植密切相关。此外，妊娠 12 d 的高产二花脸猪母猪的子宫角长度显著高于低产母猪，且该表型差异极有可能来自母猪的早期生长阶段。

4. 胎盘效率高　一般而言，胎盘性能和产仔数、胎儿体重及产前死亡率均密切相关。在妊娠后期，随着胎儿的快速生长，二花脸猪的胎盘将会停止生长，而大约克夏猪胎盘面积会继续增加，这表明二花脸猪胎盘效率（胎儿重/胎盘重）的增加有可能是其高产的重要原因之一。

5. 乳头数多　乳头数虽不能直接影响产仔数，但是会直接影响母猪的哺乳能力及仔猪的断奶成活率，所以以多乳头数与高产仔数的特点相结合是实现母猪高繁殖力的重要生理基础之一。大约克夏猪的乳头数通常为 7～8 对，而二花脸猪的乳头数较多，一般为 9～11 对，较多的乳头数能够为仔猪提供更多的奶水和哺乳空间，显著提高哺乳期仔猪的哺育率、成活率和断奶体重。

6. 母性好　良好的母性行为对仔猪的成活率和平均体重有着重要影响。二花脸猪性情温和，与国外猪种相比抚育能力较强，因此产后一般不需要人为的额外照顾，这也是二花脸猪母猪繁殖力高的重要原因之一。

（二）影响二花脸猪高产性能的候选基因

近年来，随着分子育种的发展，越来越多的与二花脸猪高产相关的候选基因被鉴别出来。目前在影响二花脸猪产仔性状候选基因研究方面，促卵泡素 β 亚基（$FSH\beta$）基因是早期发现的二花脸猪母猪高产的重要候选基因。猪 2 号染色体上曾被发现 $FSH\beta$ 基因结构区存在插入现象，二花脸猪、香猪要比大约克夏猪、长白猪等猪种多出约 300 bp 的片段。而后该插入突变被证明与杜洛克猪、长白猪、大白猪等商业猪种控制猪产仔数的相关主效基因紧密连锁，BB 型母猪（纯合子缺失型）比 AA 型母猪（纯合子插入型）平均每胎多产仔 1.5 头，BB 型母猪比 AA 型母猪初产总产仔数和产活仔数分别高出 2.53 头和 2.12 头。由于 BB 型不见于二花脸猪和香猪群体中，所以二花脸猪和香猪群体 $FSH\beta$ 亚基基因均为 AA 型，但二花脸猪与香猪每胎产仔数差异巨大，二花脸猪的平均产仔数为 13～15 头/胎，而香猪的平均产仔数为 6～8 头/胎，因此 $FSH\beta$ 亚基基因在不同猪种上的作用机制存在一定的差异性。随后，位于猪 3 号染色体的促卵泡素受体（$FSFHR$）基因座位与二花脸猪最高产活仔数显著相关，贡献率高达 10.9%。另外还有 OB（obese）基因 3714 位点多态性与二花脸猪最高产仔数呈显著相关；SW160 和 SW200 两个微卫星都对二花脸猪初胎总产仔数有显著影响。骨调素（OPN）基因上存在一个显著影响二花脸猪总产仔数和产活仔数的微卫星标记。NRP2 基因显著影响二花脸猪的产活仔数性状。卵泡发育所依赖的生长分化因子 9（GDF9）基因的 mRNA 表达水平在二花脸猪垂体、子宫、输卵管和卵巢中表达水平均高于杜洛克猪，卵巢生长相关的孤儿受体亚家族 5A2（NR5A2）基因，早期生长反应 4（EGR4）基因及 microRNA-27a（miR-27a）基因在二花脸猪和其他国外猪种间卵巢组织上均存在差异表达。

（三）影响二花脸猪高产仔性能的数量性状座位定位

在数量性状座位（quantitative trait locus，QTL）定位方面，根据猪的

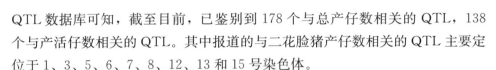

QTL 数据库可知，截至目前，已鉴别到 178 个与总产仔数相关的 QTL，138 个与产活仔数相关的 QTL。其中报道的与二花脸猪产仔数相关的 QTL 主要定位于 1、3、5、6、7、8、12、13 和 15 号染色体。

李凯等（2009）以白色杜洛克猪与二花脸猪杂交的资源家系群体为研究材料，记录了 299 个母猪的产仔性能，并利用覆盖整个猪基因组的 183 个微卫星标记，进行全基因组 QTL 扫描来定位影响产仔数性能的基因位点，分别在 6、7、8、15 号染色体上鉴别到影响猪产仔数性状的 QTL。He 等（2016）基于二花脸猪群体内产仔数的变异，选择极端高产和极端低产二花脸猪进行猪 60K 芯片扫描分型，通过全基因组关联分析（Genome-wide association study，GWAS）和遗传分化系数分析（genetic differentiation coefficient，Fst），均在 12 号染色体鉴别到显著影响二花脸猪产仔数的信号位点 rs81434499；另外还通过 Fst 分析还鉴别到 153 个高、低产组遗传明显分化的 SNP，其中 7 号染色体上 rs80891106、8 号染色体上 rs81399474 和 12 号染色体上 rs81434499 通过二花脸猪大群体验证，均发现与二花脸猪产仔数显著相关。

（四）基因组学方法鉴别的二花脸猪高产基因

近年来随着第二代和第三代核苷酸测序技术（又称高通量测序技术）的快速发展、成本降低，已有科研单位通过对二花脸猪全基因组测序来鉴别其产仔相关的基因位点。林国珊等（2013）通过对 10 头二花脸猪个体及 50 头其他中国地方猪种的个体进行全基因组重测序，筛选到二花脸猪 1 917 个特异性选择区域，并选择了分布在常染色体的共 144 个特异性选择位点，对杜×二 F_2 资源家系、苏太猪、大白猪、长×大二元杂交猪 4 个母猪群体进行分型，并与产仔数做关联分析，发现了与猪产仔数显著相关的有 12 个位点，其中在 3 号染色体上有一个 SNP 位点，在 4 个群体中均与产仔数性状显著关联。Mirte Bosse 等（2014）通过对国内外猪种全基因组重测序发现，PGRMC2 基因和 AHR 基因可能为中国地方猪导入国外大白猪群体的高产基因，但具体因果位点未知，其是否为导致二花脸猪高产的主效基因尚未确定。Wang 等（2017）通过对包括二花脸猪在内的 6 个中国地方猪种共 252 头个体进行简化基因组测序发现，中国地方猪种特异性选择区域内的 RGS12 基因和 CXCL10 基因是地方猪高产的重要候选基因。

由于大部分引起表型变异的突变造成基因表达量的改变，因此整合相关组织的全基因组基因表达谱能够有效地为鉴定因果基因提供线索。由于排卵率、子宫容积、胚胎和胎儿成活率是决定二花脸猪产仔数的重要决定因素，因此已有许多研究小组利用基因表达芯片、数字表达谱和高通量测序技术，对高产二花脸猪和国外商品猪相同生理时期的卵巢、子宫、垂体、胎盘等组织的差异表达基因进行筛选，以期鉴别出影响二花脸猪高产仔性能的候选基因。Zhou 等（2009）利用 effymetrix 表达芯片对妊娠 75 d、90 d 的二花脸猪和大白猪母猪体内雌性小猪胎盘进行分析，结果发现在 75 d 时，有 226 个基因表达差异，在 90 d 时有 577 个基因表达差异，而其中有 44 个差异表达的基因位于已报道的影响繁殖的 QTL 区间内，有 7 个位于 15 号染色体。Zhang 等（2013）利用数字表达谱技术对 3 头妊娠 12 d 的二花脸猪和长×大二元杂交母猪的子宫内膜样品进行分析，一共发现了13 612个差异表达的基因，这些基因中很多与建立和维持妊娠的前列腺素 E2（PGE2）：前列腺素（$PGF_{2\alpha}$）比例有关，证明子宫内环境的差异对二花脸猪产仔数极具影响。

二、肉质性能

二花脸猪优良的肉质特性主要表现在肌纤维结构特性和肌内脂肪含量优于国外猪种或国内的培育品种。

（一）良好的肌纤维结构特性

肌纤维类型与肌肉的发育及肉品质有着密切的关系。二花脸猪具有良好的肌纤维结构特性，其慢收缩氧化型、快收缩氧化型及快收缩糖酵解型肌纤维的面积均显著小于皮特兰猪，单纤维密度却显著高于皮特兰猪，说明二花脸猪肌肉纤维细且密，因此肉质较为细嫩。Li 等（2009）利用 183 个微卫星位点在120 头白色杜洛克猪与二花脸猪杂交的 F_2 群体中进行全基因组扫描，发现几乎所有源于二花脸猪的 QTL 都与ⅡB 型肌纤维横截面积、相对面积和数量的减少，以及Ⅰ型和ⅡA 型肌纤维数量的增加有关，而Ⅰ型和ⅡA 型肌纤维数量的增加或ⅡB 型肌纤维数量的减少能够改善肉的持水力、柔软度和肉色，说明二花脸猪良好的肌纤维结构特性有助于提升其肉品质。

（二）优质的肌内脂肪含量

肌内脂肪含量也是影响猪肉品质的重要因素之一，它影响肉的嫩度、风味

和多汁性。二花脸猪肌内脂肪含量高，在体重 90 kg 时肌内脂肪含量达 5％以上，比同阶段大约克夏猪高出 1 倍以上，肌肉大理石纹较明显，肉质优良。为了探讨二花脸猪和国外猪种之间肌内脂肪沉积机制的差异，多个团队已经进行了大量的研究。例如，高勤学等（2004）发现苹果酸酶（malic enzyme，ME）和脂蛋白酯酶（lipoprotein lipase，LPL）mRNA 表达水平的变化与肌内脂肪沉积趋势相吻合，表明 *ME* 基因和 *LPL* 基因可能与二花脸猪肌内脂肪的沉积有关；Wang 等（2013）首次报道过氧化物酶体增殖物激活受体（peroxisome proliferators-activated receptors，PPARs）基因启动子多态性对二花脸猪肌内脂肪含量有显著影响，*PPARγ* 基因的 T-A 单倍型导致了二花脸猪肌内脂肪含量相对较高。

（三）其他肉质指标

除上述两种主要肉质性能指标外，近年来利用二代测序技术对二花脸猪其他肉质性状如肉色、pH、含水量等也进行了相关研究。Ma 等（2013）在白色杜洛克猪和二花脸猪的杂交猪中发现 4 号染色体与水分相关的 QTL 上源于二花脸猪的等位基因与低含水量相关，另外在 X 染色体上与肌内脂肪含量和大理石纹相关的区域发现了与肉的亮度、黄度和红度相关的 QTL，而这些 QTL 上源于二花脸猪的等位基因与肉的深度、亮度和黄度相关。

第四章
二花脸猪品种繁育

第一节　二花脸猪生殖生理

二花脸猪母猪素以性成熟早和产仔多著称。范必勤等（1980）已从解剖学与组织学上探明二花脸猪母猪生殖器官在120日龄之前增长最为迅速；45日龄的卵巢切片有三级卵泡和成熟卵泡。葛云山（1982）对24头不同日龄的母猪生殖器官解剖学和组织学观察发现，30日龄母猪的卵巢切片即可观察到初级卵泡和次级卵泡，在所有猪种中最早出现。发情症状与发情阶段：二花脸猪母猪发情症状明显和易于区分发情阶段是其生殖生理上的重要特性之一。通常，二花脸猪母猪的发情表现为阴户红肿，叫唤不安，爬跨同圈猪或圈栏，以及呆立不动等。在武进县三河口、焦溪一带，养殖户用"唤郎""望郎""等郎"的通俗语言来形容二花脸猪母猪的发情症状和发情阶段。"唤郎"——以叫唤不安为主要征兆。据观察，叫唤持续时间经产母猪平均为15h，范围为2～48h。"望郎"——以爬跨同圈猪或圈栏为主要征兆。爬跨活动的持续时间经产母猪平均为15h，范围为1～47h。"唤郎"和"望郎"实际上就是指发情前期。"等郎"——其明显特征是在公猪试情或用力压背时呆立不动，表现候配反应。经产母猪候配反应的持续时间平均为34h，范围为4～110h，此时期即为发情期，一般在此时进行配种。此后，母猪拒绝公猪试情，用力压背时跑动，但阴户红肿尚未完全消退，这时即为发情后期。

一、初情期

出现叫唤、爬跨和压背不动等发情征兆的首次发情日龄，即初情期。二花

脸猪的初情期平均为 64 日龄，范围为 40～86 日龄，属于初情期最早的猪种；平均体重为 15 kg，范围为 8～20 kg。初情期是母猪第一次发情和排卵的日龄，受品种、营养、环境、体重、季节和饲养管理等因素的影响。

二、发情持续期和发情周期

二花脸猪经产母猪发情持续时间为 4 d（2～7 d）；后备母猪为 7 d（1～13 d）。经产母猪断奶后发情的间隔时间为 4.5 d（1～11 d）；后备母猪的发情周期为 17 d（8～32 d）。二花脸猪母猪发情征兆明显和发情阶段易于区分的特点，在生产上对于进行发情鉴定和选择配种的适宜时间十分有利。

据葛云山（1982）对 36 头不同日龄的二花脸猪母猪的观察，发现 5 月龄后母猪排卵数为 20 个（18～22 个），成年后排卵数达到 28 个（表 4-1）。

表 4-1　不同日龄二花脸猪母猪的排卵数

日龄	头数	排卵数（个）	体重（kg）	日龄	头数	排卵数（个）	体重（kg）
40～59	6	6（1～13）	8.43	180	2	22（22）	24.75
60～89	10	9.3（2～22）	11.98	210	3	23（21～28）	28.84
90～119	9	16（8～21）	19.54	240	2	26（25～27）	33.25
150	2	20（18～22）	20.25	成年	2	28（24～32）	92.00

范必勤（1980）选取 65 日龄初次发情的小母猪，体重为 10.5 kg，用成年公猪的精液输精 2 次，在妊娠 84 d 时剖检母猪发现其已经受胎。并且统计分析了二花脸猪母猪共 506 胎不同胎次的产仔数和死胎数，结果见表 4-2。

表 4-2　不同胎次的产仔数和死胎数

胎次	1 例数	平均数±标准误	2 例数	平均数±标准误	3 例数	平均数±标准误	4 例数	平均数±标准误
产仔数	122	10.75±0.28	107	18.05±0.80	92	14.14±0.38	63	13.76±0.41
死胎数	122	0.55±0.10	107	1.03±0.19	92	1.27±0.23	63	0.70±0.14

胎次	5 例数	平均数±标准误	6 例数	平均数±标准误	7 例数	平均数±标准误	8 例数	平均数±标准误
产仔数	40	14.76±0.68	28	15.07±0.63	33	15.30±0.70	21	15.05±0.60
死胎数	40	1.15±0.30	28	1.71±0.39	33	2.09±0.43	21	2.33±0.34

从表 4-2 看出，初产母猪的产仔数为 10.75 头，经产母猪（第 3～8 胎）为 14.68 头。产仔数随胎次而增加，从第 5 胎起至第 8 胎的产仔数均超过全群

平均数，保持了较高的产仔水平。同样，死胎数也有因胎次而增加的趋势。

二花脸猪产区的养殖户通常在种猪4月龄左右开始配种。种猪开始配种的年龄应有品种的差异，必须以繁殖能力、生长发育情况及经济效益综合考察来确定。小公猪的生殖器官在120日龄之前生长发育特别迅速，30日龄时全部生殖器官重27.03 g，120日龄时已达375 g。睾丸的曲精细管发育很快，60日龄时直径已达143μm，而德国长白猪130日龄时曲精细管的直径只有128μm；初级精母细胞、次级精母细胞、精细胞和精子分别出现在50日龄、60日龄、90日龄和120日龄，精子的出现比巴克夏猪早2个月。公猪在44～63日龄出现爬跨行为，此时的体重在7～12 kg，能追逐爬跨母猪，性欲表现很强，并且有精液和胶状物滴出，但无精子。公猪精液首次出现在60～75日龄，体重8～12 kg；平均初情期为67.6 d；每次射精量为20.4 mL，每毫升精子数为0.37亿个，精子活率为27.5%，精子畸形率为49.3%；平均性成熟期为3个月。

陈杰等（1999）采用PCR-SSCP作为遗传标记，对二花脸猪 $FSH\beta$ 基因位点与产仔数性状的关系进行了研究。以标记基因型为因子，分别对二花脸猪群体的初胎产仔数、前三胎产仔数之和，以及最高产仔数进行方差分析。结果表明，该标记位点与产仔数性状显著相关，其贡献率达到10%以上。

第二节　二花脸猪种猪的选择与培育

一、种猪的饲养管理

合理的猪群结构是保证猪场有计划地迅速扩群和提高种群质量的措施之一。猪场应按照生产需求，不断调整各类猪的比例，组成合理的猪群结构，保证猪群正常的补充，便于进行再生产和扩大再生产。

（一）种猪引种前的注意事项

种猪引种前的注意事项见表4-3。

表4-3　种猪引种前的注意事项

项目	要求	作用
种猪档案（谱系）卡	一猪一卡	可追溯种猪的来源及各种信息（出生日期、父母代、祖代），防止近亲繁殖

（续）

项目	要求	作用
种猪经营许可证	种猪公司提供	得到相关部门承认的育种公司
售后服务政策	双方签订协议	解决种猪购回出现的各种问题，保障供需双方的利益
种猪质量检测卡	一猪一卡	包含种猪从出生到引种的信息（初生重、断奶个体重、79日龄料重比、疫苗情况等）
种猪性能测定数据	测定数据科学	了解种猪品种特征、繁殖性能、生长性能、胴体品质等信息
引种须知	告知客户引种的注意事项	保证客户引种的顺利进行
正式发票	种猪公司提供	备案、报销

（二）种猪引种前的准备事项

（1）必须进行空栏冲洗，并消毒1周以上（包括新栏），撒石灰形成隔离带；种猪及饲养员不能串栏和与其他畜禽接触，谢绝参观，做好一切接猪前准备。

（2）注射要求水电畅通，通风向阳，能防寒保暖或避暑降温。

（3）备料要新鲜，适口性好，保证营养均衡。

（4）备好种猪途中和回场的消毒药、保健药、防疫用药、饮水用药及外用抗生素等。长途运输人员还要准备氯丙嗪和ATP等药物，必要时给猪注射可减少应激反应。

（5）安装药物保健水桶，并准备好相关的保健药物。

（三）种猪运输注意事项

（1）最好选用车况较好的运猪专用车，便于分群，公母分开，避免拥挤；同时要避开高温、雨季、寒冷等恶劣气候，要有防寒防晒油布，还要注意保持通风和充足的饮水。

（2）装车前做好药物保健，根据种猪大小注射长效抗菌药物。

（3）核实种猪档案和检疫检验证明。

（4）尽量减少运输途中的停留时间。不可与畜产品车同行。禁止紧急刹车，应保持平稳行驶，减少应激。押运人员途中要注意观察猪群，发现嘶吼、卡压、应激等情况要及时处理。

（5）种猪回场要先对种猪和车辆进行严格消毒后才能组织人员卸猪，每个接猪人员都必须穿防疫服，洗手、消毒后方能接猪。卸猪人员用力要轻缓，防止损坏种猪肢体。

（四）后备种猪饲养的正常程序

后备种猪饲养的正常程序见表4-4。

表4-4　后备种猪饲养的正常程序

阶段	项目	要求
隔离	密度	每头种猪到场时最少需 1.5m²
	温度	饲养在水泥地面时，最低临界温度是 14℃，最适温度是 18℃
	通风	在集约化条件下所需的通风量最低为 16m²/h，最高为 100m²/h
	饮水	提供新鲜清洁的饮水，鸭嘴式饮水器应保证流量为 1.5L/min，每只饮水器最多只能供应 8 头猪
	光照	光照度为 250～300lx，光照时间为 16h/d，不足部分可通过人工光照获得
驯化	1～2 周	粪便接触，并选择与健康老母猪混养（老母猪和后备母猪比例为 1：10）；开始注射疫苗 本场育肥猪 2～3 周混养
	3～6 周	做好种猪呼吸道疾病、弓形虫病、附红细胞体病等的预防 配种前做一次后备母猪的血液检查，不合格的后备母猪可淘汰
发情鉴定与配种	查情	165 日龄开始，用不同的公猪诱情，每天 2 次，每次 15min，按压刺激母猪敏感部位
	记录	做好发情记录鉴定表，记录发情母猪的前 3 次发情时间，可分批次、分情期饲养
	配种	在猪达到 220～230 日龄、体重大于 130 kg、第 3 次发情开始时配种

二、种猪的选择

种猪的选种时间通常分为三个阶段，即断奶、6 月龄和母猪初产后。

（一）断乳

应根据父母和祖先的品质（即亲代的种用价值），同窝仔猪的整齐度及本身的生长发育（断奶重）和体质外形进行鉴定。外貌要求无明显缺陷、失格和遗传疾患。

失格主要指不合育种的表现，如乳头数不够，排列不整齐，毛色和耳形不符合品种要求等。遗传疾患如疝气、乳头内翻、隐睾等。这些特征在断奶时就能检查出来，不必继续审查，即可按规定标准淘汰。由于在断奶时难以准确地选种，应多留种，便于以后精选；选择比例一般母猪至少为 2∶1，公猪为 4∶1。

（二）6 月龄

6 月龄是选种的重要阶段，因为此时是猪生长发育的转折点，许多品种此时体重可达到 90 kg 左右。通过猪本身的生长发育资料及同胞猪测定资料，基本可以说明其生长发育和育肥性能的优劣。这个阶段选择强度应该最大，如日本实施系统选育时汰率达 90%，而断奶时期初选仅淘汰 20%。这是因为断奶时对猪的优劣难以准确判断。

按照猪断奶至 6 月龄的日增重或体重，以及背膘厚（活体测膘）和体长，同时结合体质外貌和性器官的发育情况，同时参考同胞猪生长发育资料进行选种。应注意以下几点。

（1）结构匀称，身体各部位发育良好，体躯长，四肢强健，体质结实。背腰结合良好，腿臀丰满。

（2）健康，无传染病（主要是慢性传染病和气喘病），有病者不予鉴定。

（3）性征表现明显，公猪还要求性机能旺盛，睾丸发育匀称；母猪要求阴户和乳头发育良好。

（4）食欲好，采食速度快，食量大，更换饲料时适应较快。

（5）合乎品种特征的要求。

（三）母猪初产后（14～16 月龄）

主要依据母猪初产后的繁殖成绩选留后备母猪。

当母猪产下第 1 窝仔猪并达到断奶时，首先淘汰产生畸形、脐疝、隐睾、毛色和耳形等不符合育种要求的小母猪和小公猪，然后再按母猪繁殖成绩和选择指数高的猪留作种用，其余猪转入生产群或出售。日本实施的系统选育计划中，规定母猪初产后留种率为 40%，而我国一般种猪场此时的种猪淘汰率很低。

就选种而言，一头良种猪在生长过程中需经过 3 次选择：断奶阶段、6 月龄阶段和初产阶段。目前，我国种猪场的选择强度不大，一般要求公猪（3～5）∶1，母猪（2～3）∶1，即要选留 1 头种猪，需要有 3 头断奶仔猪供选择。因此，应根据实际情况和育种计划的要求，适当提高选择强度。

第三节　二花脸猪种猪性能测定

一、国内外种猪性能测定与遗传评估现状

种猪性能测定是对种猪主要遗传性状进行度量、观测，以及对主要影响因子进行检测等，主要内容是系统地测定与记录猪的个体性能。其测定数据作为遗传评定的基础，是选种、选配的依据，有利于加快品种培育的遗传进展。其目的在于为猪个体遗传评定、估计群体遗传参数、评价猪群生产水平及猪场的经营管理提供信息。性能测定是育种中最关键的工作。

种猪性能测定距今约有 100 年的历史，其间，种猪的选择留种从表型选择发展到育种值选择，再到基因型选择。测定的方法与设备不断地更新、升级，形成了以现场测定为主，测定站测定为辅的测定方式。现在世界上大部分养猪发达国家都配置相当数量的测定站。现代种猪育种则是基于性能测定的种猪遗传评估。最佳线性无偏预测（best linear unbiased prediction，BLUP）综合育种值评定是种猪育种发达国家的通用选择方法，已成为行业规范。

二、种猪测定条件与受测猪要求

（一）饲养管理条件

（1）受测猪的营养水平和饲料种类应相对稳定，并注意饲料卫生条件。

（2）受测猪的圈舍、运动场、光照、饮水和卫生等管理条件应基本一致。

（3）测定单位应具有相应的测定设备和用具，并规定专人使用。

（4）受测猪必须由技术熟练的工人进行饲养，有一定育种知识和饲养经验的技术人员进行指导。

（5）在测定中，应按有关规程的要求，建立严格的测定制度和完整的记录档案。

（二）受测猪的选择

（1）受测猪个体编号清楚，品种特征明显，并附 3 代以上系谱记录。

（2）受测猪必须健康、生长发育正常、无外形损征和遗传疾患。受测前应

由兽医进行检验、免疫注射、驱虫和部分公猪的去势。

（3）受测猪应来源于主要家系（品系），从每头公猪的与配母猪中随机抽取 3 窝，每窝至少选 1 头公猪和 2 头母猪进行生长性能测定。

三、种猪性能测定方法

（一）测定要求

所选用的测定方法要保证测定数据的准确性与精确性，且尽可能经济、适用，以提高育种工作的经济效益。对测定结果的记录须做到简洁、准确和完整，清晰记录影响性状表现的各种可辨别的环境因素（年度、季节、所用设备等），尽量避免人为因素造成的漏记、错记等。测定记录要及时录入计算机数据管理系统，以便查询和分析。在实施性能测定时，必须保证客观公正地对待每一头待测种猪，保证测定数据真实。性能测定需要足够大的测定规模，且实施要有连续性与长期性，否则会前功尽弃。

根据我国目前种猪选育现状和性能测定基础，《全国生猪遗传改良计划（2009—2020）》实施方案要求必测性状与建议测定性状如下。

1. 必测性状　　体重达 100 kg 的日龄、背膘厚、眼肌面积，以及总产仔数、21 日龄窝重。

2. 建议测定性状　　采食量、饲料利用率、30～100 kg 日增重、100 kg 体重肌内脂肪含量、产活仔数、初产日龄与产仔间隔等。猪场可根据本猪场内种猪的情况，结合育种目标，选择合适的性状进行性能测定。有条件的猪场还可进行胴体和肉质性状测定。

（二）场内测定

场内测定要求各个猪场内对种猪性能进行实时追踪测定。

1. 基本要求　　参照国家核心场要求，规模相对稳定且越大越好；完整的系谱记录及有效的测定数据；测定结果真实可靠。

2. 个体标识　　正式测定前，必须进行种猪的个体标识。要求在仔猪出生24h 之内，按照窝序、个体标注 6 位序号。标识方法包括耳缺号、耳标等。

3. 繁殖性能测定　　为满足种猪登记、遗传评估需求，要对纯种母猪所有产仔进行测定与记录。全程对母猪配种、分娩、产仔等进行实时跟踪与测定。

（1）总产仔数　记录仔猪出生时同窝仔猪总数，包括死胎、弱仔、畸形猪和木乃伊在内。

（2）产活仔数　出生 24h 内同窝存活的仔猪数，包括衰弱或即将死亡的仔猪在内。

（3）初生重　包括活仔猪个体重和初生窝重。仔猪出生后 24h 内用电子秤称得个体活重，所有仔猪体重相加即为初生窝重。

（4）21 日龄窝重和断奶仔猪重　参照称量初生重方法进行。

4. 生长性能测定　主要进行体重达 100 kg 日龄的测定，国家核心育种群所有纯繁达标种猪实行全群生长性能测定。将体重达 85～115 kg 的待测种猪驱赶到种猪检测装置上称重，记录个体号、性别、测定日期、体重等信息。在初次使用种猪检测装置时，要对仪表进行标定。

5. 活体背膘厚与眼肌面积测定　种猪体重称量完成后，调整保定板之间的距离，使被测猪自然站立，进行活体背膘厚、眼肌面积的测定。

首先应正确判断猪背膘、眼肌部位。猪的背膘是指在表皮和真皮下方的脂肪层。利用 B 超测定的背膘厚度是指眼肌中部的背膘厚，包括表皮、真皮、脂肪层的厚度。眼肌指的是猪背膘下的肌肉，解剖学上称为背最长肌，俗称里脊。猪一般有 14～17 对肋骨，背膘厚度规定为猪左侧倒数第 3～4 根肋骨的厚度，离背中线约 5cm。

B 超测定时，由于超声波不能在空气中传导，所以必须在测定部位涂耦合剂以得到更加清晰的图像。测定过程中，应右手持探头，在被测猪的左侧、倒数第 3～4 根肋骨之间、离背中线 5cm 处测定。将探头与背中线平行置于测定位点，观察 B 超屏幕变化，缓慢变换探头位置，使图像更清晰，位点更准确。

（三）测定站测定

测定站测定要求把各个核心群的被测种猪集中到测定站，在相对一致的环境条件下，按照统一的测定方法进行测定。

测定站测定主要针对优秀的青年公猪生长发育等性状进行测定和体型外貌评定。一般按有关部门规定，统一安排，组织符合规定的种猪场，将发育正常、无遗传缺陷、符合体重要求的待选纯种猪，在同一饲养环境、同一设备条件下进行测定。

1. 收测　从有资质的猪场中选择 60～70 日龄、体重 25 kg 左右的健康后

备公猪，集中到测定站，并现场登记，核实有关信息。

2. 加载耳标　猪送入测定中心后，必须重新打耳牌，需佩戴 2 副耳标。一个为测定排序耳标，方便测定结束后可区分并查询原场个体编号；另一个为电子耳标，用于电子自动测定系统的射频识别。

3. 隔离预饲　重新打耳牌、称重、消毒猪体后，以场为单位送隔离舍饲养 2 周，完成健康观察、预饲。然后，挑选合格的猪作为受测猪进入种猪测定舍，按性别、体重分开饲养。测定舍采用自动计料系统，进行采食调教。当体重达 27～33 kg 时开始测定，记录每头猪的日采食量。

4. 结测　种猪体重达 90～110 kg 时称重，并用 B 超测定眼肌面积、背膘厚度。测定站还可进行体尺、肉色、肌肉 pH、大理石纹、氟烷基因等测定和体型外貌鉴定。

5. 外貌评定　外貌评定是对不同种猪企业、不同品种品系的猪种进行体型、体质、皮肤、被毛、四肢、四蹄等肉眼能够观察到的外部特征进行观测与鉴定。评定的主要内容为：品种特征、结构与结实度、肢蹄问题、生殖器发育状况等。根据各场留种情况制定标准，对备选种猪进行外貌评定打分。根据预留数量选择评分高的个体进入核心群。

（四）选种流程

选种的原则是以性能测定为依托，以数量性状选择为主，分子遗传标记选择为辅，实行断奶时多留，保育结束时初选，体重 100 kg 左右性能测定结束时精选，初配阶段终选多留种、高淘汰制的大群选择法，在加大选择差的同时提高选择强度。

猪的不同性状或生产性能是在发育过程中不断表现出来的，在其发育的各个阶段，制定不同的选择标准进行选留与淘汰，有利于降低饲养成本、提高猪场经济效益。

1. 断奶时选择　在仔猪断奶时进行第 1 次选留，选择标准为：符合本品种的外形特征、生长发育好、体重较大、背部宽大、四肢结实有力、皮毛光亮、乳头数在 8 对以上且无明显遗传缺陷。断奶时应该多留种，一般来说，产仔数多的窝适当多留种。公猪初选数量为最终预定留种数量的 10～20 倍，母猪为 5～10 倍，便于再次选择时有较大的选择强度。

2. 保种阶段选择　保育猪一般为 70 日龄左右。在经过断奶、换环境、换料等的考验后，有些初选仔猪生长发育受阻，遗传缺陷逐渐表现。因此，在保育阶段进行第 2 次选择，可以选出生长发育良好、体重大、体格健壮、没有遗传缺陷的初选仔猪进入性能测定。一般保证每窝至少有 1 头公猪、2 头母猪进入性能测定。

3. 测定结束阶段选择　性能测定一般在 5～6 月龄结束，这时个体的重要生产性状都已基本表现出来（繁殖性能除外），并且已有遗传评估结果。此阶段为选种的关键时期，应作为主选阶段。此时的选择以遗传评估与外貌评定为主要依据，按一定的选择比例选择优良个体留种。该阶段留种数量应为预留种数量的 15％～20％。

4. 配种和繁殖阶段选择　此时后备种猪已进行了 3 次选择，该时期主要针对个体的繁殖性能进行选留。出现以下情况的母猪可考虑淘汰：至 7 月龄后没有发情征兆的；断奶后 2 月龄无发情征兆的；在一个发情期内连续三次配种未孕的；母性太差的；产仔数过少的。对于公猪，性欲低、精液品质差、所配母猪均产仔较少的淘汰。

第四节　二花脸猪选配方法

选配是在选种的基础上，有意识、有计划地为母猪选择适宜的交配公猪，以达到优化后代遗传基础、培育和利用良种的目的，也就是对交配进行人工干预，有意识地组织优良的种用公猪、母猪进行配种，以实现一定的育种目标。

选配的作用主要有以下两个方面。

1. 稳定遗传基础，把握变异方向　动物的遗传基础是由双亲赋予的，如公母双方的遗传基础相近，那么所生后代的遗传基础与其父母可能非常接近，这样经过若干代选择特征相近的公猪、母猪交配，性状的遗传基础即可纯合，性状特征便可能被固定下来。

2. 创造必要变异，培育理想类型　为了某种育种目的，选择一定的公猪和母猪进行交配，将会产生必要的变异，可能创造理想的类型。

一、选配原则

（一）有明确的目的

无目的的选配达不到预期目标。应根据预期目标确定选配的方法和配偶，

可稳定和巩固猪群优点，克服缺点。

（二）选择亲和力好的猪选配

亲和力指交配双方的交配效果，即能否产生优良的后代。在制定选配计划时，须对猪群过去交配的结果进行分析，在此基础上找出能产生优良后代的组合。

（三）公猪的品质（等级）要高于母猪

选配组合中，种公猪的等级和品质应高于种母猪，最差也应与母猪等级相同。对猪群中鉴定出的特级、一级种公猪充分使用，对二级、三级种公猪应控制使用。

（四）具有相同缺点或相反缺点的猪不能选配

例如，用凹背公猪与凸背母猪交配，不但改变不了缺点，反而会使缺点更加严重，须用背腰平直的个体与之交配，才能纠正缺点。

（五）正确使用近交

近交具有纯化遗传结构（基因型）、稳定优良性状的作用。但是，随意近交易导致近交衰退现象的发生。因此，近交应根据选育的情况仔细确定。采用高度近交，横交固定的方法，可以使不良隐性基因高度纯合，从而使其呈显性表现，逐步排除不良基因。

（六）合适的年龄选配

选配的公猪、母猪应体质健壮，年龄配对合适。一般壮年公猪配壮年母猪最好，其他组合效果均差，至少交配双方有一方是壮年猪。

二、选配方法的应用

（一）个体选配

个体选配是根据公猪、母猪的生产性能（以遗传评估结果衡量）来选择性的交配，分为同质选配、异质选配和亲缘选配。

1. 同质选配　同质选配是选择性能优秀的公猪配性能优秀的母猪，性能较差的公猪配性能较差的母猪，这种交配将增加后代群体的变异性，并增加后代中出现优秀个体的概率。例如，选用体长、膘薄的公猪配体长、膘薄的母猪，期望双亲的优良性状在群体中得到稳定和巩固，从而提高群体品质。但应注意下列问题。

（1）交配双方品质相同，但应是优秀而不是中等以下品质的配偶组合。

（2）交配的双方除要求同质外，应无其他共同的品质缺陷。

（3）长期使用同质选配，会使群体的变异范围缩小，引起猪的适应性、生活力下降。因此，须加强选择，严格淘汰体质衰弱或有遗传缺陷的个体，必要时应与异质选配结合，交替使用，才能不断巩固和提高整个猪群的品质。

2. 异质选配　异质包含两方面的含义：一是交配双方具有不同的优异性状，如选择增重快的公猪与肉质好、适应性强的母猪交配，可望获得增长快而肉质优良的后代；另一种是选择同一性状，但优劣程度不同的公猪、母猪交配，期望达到以优改劣的目的。

3. 亲缘选配　亲缘选配是根据交配双方的亲缘关系进行选配。如果双方存在亲缘关系，就叫近亲交配（近交）。在随机交配的情况下，也可能会出现近交，如果有意识地避免某种程度的近交，就称为远亲交配（远交）。亲缘关系的远近可以用亲缘系数来度量。在交配双方都为非近交个体，且它们的共同祖先也是非近交个体的前提下，全同胞之间的亲缘系数为 0.5，半同胞之间的亲缘系数为 0.25，亲子之间的亲缘系数为 0.5。在实际的群体中，由于种猪选育群的规模限制，每个世代的双亲都有一定程度的近交系数和亲缘系数，所以实际上多少都存在近交的情况，并且同胞之间及亲子之间的亲缘系数都要大于以上数值。由近交所产生的后代称为近交个体，近交的程度用近交系数来度量，如果双亲都是非近交个体，则后代的近交系数等于双亲的亲缘系数的一半。在亲缘选配时，需要注意以下几点。

（1）母猪配种前需进行公猪、母猪亲缘系数配对计算，安排相互间亲缘系数较小的公猪、母猪进行配种，避免亲子交配和同胞包括半同胞交配，尽量避免有共同祖父母或外祖父母的公猪、母猪间的交配。一般规定其后裔的近交系数不超过0.062 5即可。具体可将该母猪与候选可配公猪间后裔的近交系数列表，以便操作。

（2）有意识地保留一定血统数量，这是为满足一定的公猪血统数量的需求，同时也能避免过度使用某个种公猪造成的近交的局面。

（3）坚决不在出现遗传缺陷的窝中选择后备猪，这样可以逐步淘汰隐性有害基因。如果某个家系出现比较明显的遗传缺陷，就要考虑及时将有生产缺陷后代的公猪、母猪淘汰。

（4）限制种公猪在核心母猪群中的最高配种比例。但配种窝数达 30 窝后即不参与核心群母猪的选配。

（5）加快核心群种公猪的更新速度。

（二）种群选配

种群指一个类群、品系、品种或种属等种用群体的简称。种群选配是根据与配双方属于相同或不同的种群而进行的选配。种群选配分为纯种繁育与杂交繁育两类。

1. 纯种繁育　简称"纯繁"，是指在本种群范围内，通过选种选配、品系繁育、改善培育条件等措施，以提高种群性能的一种方法。其基本任务是，保持和发展一个种群的优良特性，增加种群内优良个体的比例，克服该种群的某些缺点，达到保持种群纯度和提高整个种群质量的目的。纯繁有以下两个作用，一是巩固遗传性，使种群固有的优良品质得以长期保持，并迅速增加同类型优良个体的数量；二是提高现有品质，使种群水平不断稳步上升。

2. 杂交繁育　简称"杂交"，是选不同种群的个体进行配种。不同品种间的交配叫做杂交；不同品系间的交配叫做系间杂交；不同种或不同属间的交配叫做远缘杂交。

（三）选配计划

选配计划应根据猪场的具体情况、任务和要求而编制，必须了解和掌握猪群现有的生产水平、需要改进的性状、参加选配的每头种猪的个体品质等基本情况，本着"好的维持，差的重选"的原则，安排配偶组合，尽量扩大优秀种公猪的利用范围。

第五节　提高二花脸猪繁殖成活率的途径与技术措施

猪繁殖成活率的高低，受遗传、营养、环境、饲养管理等各方面因素的影响。如何最大限度地挖掘母猪繁殖潜力，提高仔猪成活率，是养猪户们最为关心的问题。

一、提高母猪年产窝数

1. 加强怀孕母猪和哺乳母猪的饲养管理　为了满足怀孕母猪和哺乳母猪不同阶段的营养需要，对母猪怀孕初期、后期和母猪哺乳初期，应加喂精饲料、青绿多汁饲料和矿物质饲料；母猪怀孕中期则相反，需多喂粗饲料，适量加入精饲料。同时，还要避免使用发霉、变质、冰冻、有毒和刺激性的饲料饲喂怀孕母猪，以防止母猪流产和产死胎。此外，还要促使母猪适当运动，多晒太阳，以增强体质。

2. 加强母猪哺乳后期和空怀期的饲养管理　母猪哺乳后期和空怀期应多喂粗饲料，适量加入精饲料，使母猪保持适宜的体重，以利于配种。避免母猪因为过肥或过瘦而影响其正常的排卵和发情。

3. 实行仔猪早期断奶　仔猪在 40～50 d 断奶较为合适。此外，还要改进配种技术，努力提高受胎率，及时淘汰低产、生殖器官有病的劣质母猪。争取每头母猪年产 2 窝或两年产 5 窝仔猪。

二、提高母猪窝产仔数

注意饲料日粮中的各种营养成分搭配：母猪怀孕后，胚胎有 3 次死亡高峰，即 13～18 d 胚胎迅速由圆变长，开始植入子宫，此时如果营养不足，胚胎死亡最多；怀孕 20～30 d 正是胚胎器官形成阶段，由于胚胎在胎盘中争夺其生长发育所必需的营养物质，强存弱亡，在这个时期损失也较大；怀孕 60～90 d 胎盘发育停止，胚胎迅速发育，往往也会因各种营养供不应求，又会有一批胚胎死亡。因此，加强怀孕母猪前期的各种营养很重要。试验证明，高能量饲料不利于胚胎正常着床和发育，这是因为能量过高，易使猪体变肥，子宫体周围、皮下和腹膜等处脂肪沉积过多，影响并导致子宫壁血液循环障碍，造成胚胎营养不足，发育中断。母猪怀孕前期若饲喂一定量的精饲料，然后补给足够的青绿多汁饲料和矿物质，可提高母猪产仔数。

1. 注意妊娠母猪的早期管理　母猪妊娠早期，特别是配种后的 15 d 内，由于胚胎还未在子宫内着床，缺少胎盘的保护，容易受到不良因素的影响，引起部分胚胎发育中断或死亡。因而要加强母猪该阶段的管理，防止各种应激，

这是决定妊娠母猪一胎多仔的关键。

2. 注意环境因素 母猪怀孕后的 21 d 对热很敏感，尤其是怀孕的前 7 d。据报道，怀孕母猪在 32～39℃ 的持续高温下生活 24h，胚胎死亡率就会增加。因此，在母猪怀孕的前 21 d 内，最好设法使舍内气温不超过 27℃。炎热夏季给怀孕母猪洒凉水时产仔多，反之则产仔少。因此，母猪如在夏季怀孕，应采取必要的降温措施，保持舍内凉爽。此外，还要对怀孕母猪增加光照时间，使其每天光照达 17h，以减少胚胎死亡，提高产仔数。

三、提高仔猪育成数

因为初乳中各种营养物质高于常乳，并含有较多镁盐，利于排出胎粪；而且酸度也高于常乳，能促进消化器官活动；更重要的是含有大量抗体，可提高仔猪免疫力。因此，应在仔猪出生后保证仔猪尽早吃足初乳，最迟不超过 3h。

1. 固定乳头 母猪每次喂奶时间较短，如果仔猪吃奶的乳头不固定，就会争夺乳头，既干扰了母猪的正常泌乳，又导致仔猪的发育不齐，致使瘦弱仔猪死亡，因此应在仔猪出生后 2 d 内固定乳头。由于母猪胸部乳头比腹部乳头乳量多、质量好，可让弱小仔猪吮吸胸部乳头，使全窝仔猪均衡发育。

2. 补铁补料 铁是造血的原料，初生仔猪体内储备的铁只有 30～50 mg。仔猪正常生长每天需要铁 7～8 mg，而仔猪每天从母乳中只能得到铁 1 mg。如果不给仔猪补铁，其体内储备的铁将在 1 周内耗尽，极易造成仔猪贫血、免疫力降低，所以要及时给哺乳仔猪补充铁等矿物质。具体做法是，经常给猪圈内撒未污染的红黏土，特别是水泥地面的猪舍，可以减少疾病的发生。另外，在彻底断奶前，应提早给仔猪补饲，促进其肠胃发育，增强抗病力。有试验证明，仔猪出生后 7 d 开始补饲，至 60 日龄断奶时，平均体重在 15 kg 以上；而在 30 d 开始补饲的，到 60 日龄断奶时平均体重只有 10 kg；尤其是冬季更应给仔猪提早补饲。补饲的同时还要注意供给充足的饮水。

3. 保温防压 初生仔猪需要的最佳舍内温度是 32℃，直至 2 月龄时仍需要达到 22℃，因此如果外界气温低，仔猪就会活力差，无精力吮乳，极容易被压死或饿死。同时，低温也是诱发仔猪下痢的原因之一。

四、母猪配种前的饲养管理

1. 后备母猪配种前的饲养管理 后备母猪第一次配种时必须达到性发育

和体发育的完全成熟，要求在 200～230 日龄，体重达到 120 kg 以上。后备母猪身体状况越好，终生的生产性能就越好。后备母猪饲养到 80 kg 左右时，在饲料中应适当增加钙、磷比例，钙比例应在 0.7%～0.8%，磷比例在 0.5%左右。要通过控制饲料量来控制母猪的膘情，每天饲喂 2 顿，每顿饲料量 2.5 kg，配种前 11～14 d 饲喂量可提高到 3.5 kg/d。后备母猪要有足够的活动空间，圈舍阳光充足，保证卫生干净的足量饮水。后备母猪要与公猪适当接触，配种前两周增加 40%～50%的采食量（一般达到 3.5～4.0 kg/d），作用是增加母猪排卵数量。一般到第 3 次发情才可以配种。

2. 经产母猪配种前的饲养管理　经产母猪配种前的饲养管理尤为重要，配种前要求达到七至八成膘，不能过肥或过瘦。断奶母猪的膘情应从上一次产仔开始严格管理。产后哺乳母猪很容易掉膘，而且恢复很慢，因此哺乳母猪要确保每天采食量 6 kg 以上。断奶后要增加饲料中的淀粉含量，提高能量摄入来刺激母猪生殖激素的分泌，促使母猪按时发情，增加排卵数量。对断奶 1 周后仍不发情的母猪要排查原因，采取相应措施。多次采取措施后仍不发情的母猪要及时淘汰。

五、适时配种

母猪发情持续期为 3 d 左右。适时交配是决定母猪能否受孕和产仔数多少的关键。同时，要选择外形、繁殖性能、经济性状等优良的公猪进行配种。本交配种时，公猪与待配母猪尽量养于同幢猪舍，每天上、下午把公猪赶到母猪圈附近，进行发情鉴定或配种。配种应在母猪静立反射的稳定期进行，采用二次配种法，2 次间隔 12～14h，最好在早、晚进行。人工授精也要进行 2 次输精，每次输精量 30～40 mL，含 30 亿～50 亿个精子。一般老龄母猪发情要适时早配；年轻母猪发情适度晚配；经产母猪发情早的需延迟晚配，发情晚的应尽早配种。配种前如给母猪注射 750～1 500IU 的孕马血清和 500～1 000IU 的人绒毛促性腺激素，可诱导发情、超数排卵，配种效果更佳。

六、母猪怀孕期的饲养管理

1. 合理调配饲料成分及饲料供给量　妊娠前期（前 86h）应使用妊娠母猪料并严格限饲，适当增加饲料中高纤维的比例，使饲料的粗纤维水平达 8%～10%，以防孕猪过肥或便秘。如妊娠前期遇冬季，喂料量要适当增加，以提高

母猪的抗寒能力，抵御寒冷气候，尤其是怀孕 30h 以后更要提高粗纤维的比例。妊娠后期（妊娠 86 d 至分娩）是胎儿快速生长阶段，应增加饲料中的营养成分，并提高饲料的维生素和微量元素含量，尤其是提高维生素 E 和硒元素的含量。

2. 精细饲养　配种后要单圈饲养，并保证圈舍卫生，合理调控圈舍的温度及光照。妊娠母猪进出圈舍时，要严防滑倒，避免追赶惊吓。妊娠前 40 d 和妊娠后 100 d 是胚胎或胎儿死亡的高峰期，应严格避免各种刺激，严防惊吓和热应激，更不能与公猪接触。妊娠 30 d 内和产前 10 d 内避免注射疫苗。

七、仔猪接产和哺乳期的饲养管理

母猪分娩必须有接产操作员在场，及时清除母猪口腔里的黏液，安全卫生地实施助产、断脐、断尾及消毒等工作，接产结束应及时让新生仔猪吃上初乳。哺乳母猪应饲喂高蛋白、高能量、养分丰富的哺乳母猪饲料。母猪产后每天饲喂 3 次，3～5 d 后及时转为自由采食，8～10 d 后每天饲喂次数调整到 4 次，达到充分采食。

八、仔猪早断奶

仔猪在出生 7 d 开始诱食补饲，补饲用高能量蛋白质饲料和全价颗粒饲料。仔猪 21 日龄应完全断奶，断奶后保持原料、原圈，圈舍清洁、干爽，温度适宜。仔猪早断奶，母猪可以早发情，及早进行下次配种。

九、科学防疫

可以给待配母猪注射细小病毒疫苗，给产前 2 月龄内母猪注射红痢、黄白痢疫苗等。仔猪 7 日龄注射肺炎支原体兔化弱毒冻干疫苗（该病已净化的猪场不用）；15 日龄肌内注射 2 mL 仔猪水肿病多价灭活苗；20 日龄肌内注射 4 头份猪瘟弱毒冻干疫苗等。

第五章
二花脸猪营养需要与常用饲料

第一节　二花脸猪的营养需求

葛云山等（1981）对二花脸猪的生长发育特性进行观察后发现，240 日龄二花脸猪公猪的平均体重为（53.19±1.11）kg，二花脸猪母猪的平均体重为（69.45±2.75）kg。冯宇等（2014）对 140 日龄二花脸猪进行屠宰测定，发现纯种二花脸猪肉猪的体重为（66.6±3.2）kg，瘦肉率为（43.8±2.0）%。因此，二花脸猪育肥猪的营养需要适宜使用《猪饲养标准》（NY/T 65—2004）规定的 3 型标准，即 200 日龄左右体重达到 90 kg，瘦肉率达到 46%。

二花脸猪各生长阶段的营养需求见表 5-1 至表 5-6。

表 5-1　不同体重肉脂型生长育肥猪每千克饲料中的养分含量

（3 型标准，自由采食，88%干物质）

项目	8～15kg	15～30kg	30～60kg	60～90kg
日增重（kg）	0.38	0.40	0.50	0.59
采食量（kg）	0.87	1.28	1.95	2.92
饲料/增重（F/G）	2.30	3.20	3.90	4.95
饲料消化能含量（MJ/kg）	13.60	11.70	11.70	11.70
粗蛋白（g/d）	18.20	15.00	14.00	13.00
能量蛋白比（kJ/g）	747	780	835	900
赖氨酸能量比（g/MJ）	0.77	0.67	0.50	0.43
氨基酸				
赖氨酸（%）	1.05	0.78	0.59	0.50

（续）

项目	8～15kg	15～30kg	30～60kg	60～90kg
蛋氨酸＋胱氨酸（％）	0.53	0.40	0.31	0.28
苏氨酸（％）	0.15	0.46	0.38	0.33
色氨酸（％）	0.59	0.11	0.10	0.09
异亮氨酸（％）	0.47	0.44	0.36	0.31
矿物质元素				
钙（％）	0.74	0.59	0.50	0.42
总磷（％）	0.60	0.5	0.42	0.34
有效磷（％）	0.32	0.27	0.19	0.13
钠（％）	0.15	0.08	0.08	0.08
氯（％）	0.15	0.07	0.07	0.07
镁（％）	0.04	0.03	0.03	0.03
钾（％）	0.26	0.02	0.19	0.04
铜（mg）	5.50	4.00	3.00	3.00
铁（mg）	92.00	70.00	50.00	35.00
碘（mg）	0.13	0.12	0.12	0.12
锰（mg）	3.00	3.00	2.00	2.00
硒（mg）	0.27	0.21	0.13	0.08
锌（mg）	90.00	70.00	50.00	40.00
维生素和脂肪酸				
维生素 A（IU）	2 000	1 470	1 090	1 090
维生素 D（IU）	200	168	126	126
维生素 E（IU）	15	9	9	9
维生素 K（mg）	0.50	0.40	0.40	0.40
硫胺素（mg）	1.00	1.00	1.00	1.00
核黄素（mg）	3.50	2.50	2.00	2.00
泛酸（mg）	10.00	8.00	7.00	6.00
烟酸（mg）	14.00	12.00	9.00	6.50
吡哆醇（mg）	1.50	1.50	1.00	1.00
生物素（mg）	0.05	0.04	0.04	0.04
叶酸（mg）	0.30	0.25	0.25	0.25
维生素 B_{12}（μg）	16.50	12.00	10.00	5.00
胆碱（g）	0.40	0.34	0.25	0.25
亚油酸（g）	0.10	0.10	0.10	0.10

表 5-2　肉脂型妊娠、哺乳母猪每千克饲料中的养分含量（88%干物质）

项目	妊娠母猪	泌乳母猪
采食量（kg）	2.10	5.10
饲料消化能含量（MJ/kg）	11.70	13.60
粗蛋白质（g）	13.00	17.50
能量蛋白比（kJ/g）	900	777
赖氨酸能量比（g/MJ）	0.37	0.58
氨基酸		
赖氨酸（%）	0.43	0.79
蛋氨酸＋胱氨酸（%）	0.30	0.40
苏氨酸（%）	0.35	0.52
色氨酸（%）	0.08	0.14
异亮氨酸（%）	0.25	0.45
矿物质元素		
钙（%）	0.62	0.72
总磷（%）	0.50	0.58
有效磷（%）	0.30	0.34
钠（%）	0.12	0.20
氯（%）	0.10	0.16
镁（%）	0.04	0.04
钾（%）	0.16	0.20
铜（mg）	4.00	5.00
铁（mg）	70	80
碘（mg）	0.12	0.14
锰（mg）	16	20
硒（mg）	0.15	0.15
锌（mg）	50	50
维生素和脂肪酸		
维生素 A（IU）	3 600	2 000
维生素 D（IU）	180	200
维生素 E（IU）	36	44
维生素 K（mg）	0.40	0.50
硫胺素（mg）	1.00	1.00

（续）

项目	妊娠母猪	泌乳母猪
核黄素（mg）	3.20	3.75
泛酸（mg）	10.00	12.00
烟酸（mg）	8.00	10.00
吡哆醇（mg）	1.00	1.00
生物素（mg）	0.16	0.20
叶酸（mg）	1.10	1.30
维生素 B_{12}（μg）	12.00	15.00
胆碱（g）	1.00	1.00
亚油酸（g）	0.10	0.10

表 5-3　不同体重地方猪种后备母猪每千克饲料中的养分含量（88％干物质）

项目	10～20kg	20～40kg	40～70kg
日增重（kg）	0.30	0.40	0.50
采食量（kg/d）	0.63	1.08	1.65
饲料/增重（F/G）	2.10	2.70	3.30
饲料消化能含量（MJ/kg）	12.97	12.55	12.15
粗蛋白质（g/d）	18.00	16.00	14.00
能量蛋白比（kJ/g）	721	784	868
赖氨酸能量比（g/MJ）	0.77	0.70	0.48
氨基酸			
赖氨酸（％）	1.00	0.88	0.67
蛋氨酸+胱氨酸（％）	0.50	0.44	0.36
苏氨酸（％）	0.59	0.53	0.43
色氨酸（％）	0.15	0.13	0.11
异亮氨酸（％）	0.56	0.49	0.41
矿物质元素			
钙（％）	0.74	0.62	0.53
总磷（％）	0.60	0.53	0.44
有效磷（％）	0.37	0.28	0.20
钠（％）	0.14	0.09	0.09
氯（％）	0.14	0.07	0.07

（续）

项目	10～20kg	20～40kg	40～70kg
镁（%）	0.04	0.04	0.04
钾（%）	0.25	0.23	0.20
铜（mg）	5.00	4.00	3.00
铁（mg）	90.00	70.00	55.00
碘（mg）	0.12	0.12	0.12
锰（mg）	3.00	2.50	2.00
硒（mg）	0.26	0.22	0.13
锌（mg）	90.00	70.00	53.00
维生素和脂肪酸			
维生素 A（IU）	1 900	1 500	1 150
维生素 D（IU）	190	170	130
维生素 E（IU）	15	10	10
维生素 K（mg）	0.45	0.45	0.45
硫胺素（mg）	1.00	1.00	1.00
核黄素（mg）	3.00	2.50	2.00
泛酸（mg）	10.00	8.00	7.00
烟酸（mg）	14.00	12.00	9.00
吡哆醇（mg）	1.50	1.50	1.00
生物素（mg）	0.05	0.04	0.04
叶酸（mg）	0.30	0.30	0.30
维生素 B_{12}（μg）	15.00	13.00	10.00
胆碱（g）	0.40	0.30	0.30
亚油酸（g）	0.10	0.10	0.10

表 5-4　不同体重肉脂型种公猪每千克饲料中的养分含量（88%干物质）

项目	10～20kg	20～40kg	40～70kg
日增重（kg）	0.35	0.45	0.50
采食量（kg/d）	0.72	1.17	1.67
饲料消化能含量（MJ/kg）	12.97	12.55	12.55
粗蛋白质（g/d）	18.8	17.5	14.6
能量蛋白比（kJ/g）	690	717	860
赖氨酸能量比（g/MJ）	0.81	0.73	0.50

（续）

项目	10～20kg	20～40kg	40～70kg
氨基酸			
赖氨酸（%）	1.05	0.92	0.73
蛋氨酸＋胱氨酸（%）	0.53	0.47	0.37
苏氨酸（%）	0.62	0.55	0.47
色氨酸（%）	0.16	0.13	0.12
异亮氨酸（%）	0.59	0.52	0.45
矿物质元素			
钙（%）	0.74	0.64	0.55
总磷（%）	0.60	0.55	0.46
有效磷（%）	0.37	0.29	0.21
钠（%）	0.15	0.09	0.09
氯（%）	0.15	0.07	0.07
镁（%）	0.04	0.04	0.04
钾（%）	0.26	0.24	0.21
铜（mg）	5.50	4.60	3.70
铁（mg）	92.00	74.00	55.00
碘（mg）	0.13	0.13	0.13
锰（mg）	3.00	3.00	2.00
硒（mg）	0.27	0.23	0.14
锌（mg）	90.00	75.00	55.00
维生素和脂肪酸			
维生素 A（IU）	2 000	1 600	1 200
维生素 D（IU）	200	180	140
维生素 E（IU）	15	10	10
维生素 K（mg）	0.50	0.50	0.50
硫胺素（mg）	1.00	1.00	1.00
核黄素（mg）	3.50	3.00	2.00
泛酸（mg）	10.00	8.00	7.00
烟酸（mg）	14.00	12.00	9.00
吡哆醇（mg）	1.50	1.50	1.00
生物素（mg）	0.05	0.05	0.05
叶酸（mg）	0.30	0.30	0.30
维生素 B_{12}（μg）	16.50	14.50	10.00
胆碱（g）	0.40	0.30	0.30
亚油酸（g）	0.10	0.10	0.10

表 5-5　不同体重肉脂型生长育肥猪每天每头养分需要量

（3 型标准，自由采食，88％干物质）

项目	8～15kg	15～30kg	30～60kg	60～90kg
日增重（kg）	0.38	0.40	0.50	0.59
采食量（kg/d）	0.87	1.28	1.95	2.92
饲料/增重（F/G）	2.30	3.20	3.90	4.95
饲粮消化能含量（MJ/kg）	13.60	11.70	11.70	11.70
粗蛋白质（g/d）	158.30	192.00	273.00	379.60
氨基酸				
赖氨酸（%）	9.10	10.00	11.50	14.60
蛋氨酸＋胱氨酸（%）	4.60	5.10	6.00	8.20
苏氨酸（%）	5.40	5.90	7.40	9.60
色氨酸（%）	1.30	1.40	2.00	2.60
异亮氨酸（%）	5.10	5.60	7.00	9.10
矿物质元素（每千克饲粮含量）				
钙（%）	6.40	7.60	9.80	12.30
总磷（%）	5.20	6.40	8.20	9.90
有效磷（%）	2.80	3.50	3.70	3.80
钠（%）	1.30	1.00	1.60	2.30
氯（%）	1.30	0.90	1.40	2.00
镁（%）	0.30	0.40	0.60	0.90
钾（%）	2.30	2.80	3.70	4.40
铜（mg）	4.79	5.10	5.90	8.80
铁（mg）	80.04	89.60	97.50	102.20
碘（mg）	0.11	0.20	0.20	0.40
锰（mg）	2.61	3.80	3.90	5.80
硒（mg）	0.22	0.30	0.30	0.30
锌（mg）	78.30	89.60	97.50	116.80
维生素和脂肪酸（每千克饲粮含量）				
维生素 A（IU）	1 740	1 856	2 145	3 212
维生素 D（IU）	174.00	217.60	243.80	365.00
维生素 E（IU）	13.10	12.80	19.50	29.20
维生素 K（mg）	0.40	0.50	0.80	1.20
硫胺素（mg）	0.90	1.30	2.00	2.90

（续）

项目	8～15kg	15～30kg	30～60kg	60～90kg
核黄素（mg）	3.00	3.20	3.90	5.80
泛酸（mg）	8.70	10.20	13.70	17.50
烟酸（mg）	12.20	15.36	17.55	18.98
吡哆醇（mg）	1.30	1.90	2.00	2.90
生物素（mg）	0	0.10	0.10	0.10
叶酸（mg）	0.30	0.30	0.50	0.70
维生素 B$_{12}$（μg）	14.40	15.40	19.50	14.60
胆碱（g）	0.30	0.40	0.50	0.70
亚油酸（g）	0.90	1.30	2.00	2.90

表5-6　不同体重肉脂型种公猪每天每头养分需要量（88％干物质）

项目	10～20kg	20～40kg	40～70kg
日增重（kg）	0.35	0.45	0.50
采食量（kg/d）	0.72	1.17	1.67
饲料消化能含量（MJ/kg）	12.97	12.55	12.55
粗蛋白质（g/d）	135.40	204.80	243.80
氨基酸			
赖氨酸（％）	7.60	10.80	12.20
蛋氨酸＋胱氨酸（％）	3.80	10.80	12.20
苏氨酸（％）	4.50	10.80	12.20
色氨酸（％）	1.20	10.80	12.20
异亮氨酸（％）	4.20	10.80	12.20
矿物质元素（每千克饲粮含量）			
钙（％）	5.30	10.80	12.20
总磷（％）	4.30	10.80	12.20
有效磷（％）	2.70	10.80	12.20
钠（％）	1.30	1.20	1.80
氯（％）	1.30	1.00	1.40
镁（％）	0.30	0.50	0.80
钾（％）	2.30	3.30	4.20
铜（mg）	4.79	6.12	8.08
铁（mg）	80.04	100.64	111.10
碘（mg）	0.11	0.18	0.26

（续）

项目	10～20kg	20～40kg	40～70kg
锰（mg）	2.61	4.08	4.04
硒（mg）	0.22	0.34	0.30
锌（mg）	78.30	102.0	111.10
维生素和脂肪酸（每千克饲粮含量）			
维生素 A（IU）	1 740	2 176	2 424
维生素 D（IU）	174.00	244.80	282.80
维生素 E（IU）	13.10	13.60	20.20
维生素 K（mg）	0.40	0.70	1.00
硫胺素（mg）	0.90	1.40	2.00
核黄素（mg）	3.00	4.10	4.00
泛酸（mg）	8.70	10.90	14.10
烟酸（mg）	12.20	16.30	18.20
吡哆醇（mg）	1.30	2.00	2.00
生物素（mg）	0.10	0.10	0.10
叶酸（mg）	0.30	0.40	0.60
维生素 B_{12}（μg）	14.40	19.70	20.20
胆碱（g）	0.30	0.40	0.60
亚油酸（g）	0.90	1.40	2.00

第二节　二花脸猪的常用饲料与日粮

一、常用饲料及其营养特点

（一）青饲料

包承玉等（1984）研究表明，二花脸猪的日增重受日粮能量含量的影响，含量过高，饲料利用率低，达不到多增重少耗料的效果；含量过低，增重少耗料多，经济效益低。因此，适宜的能量含量是二花脸猪日粮配方的关键指标。能量含量的调节一般通过添加青饲料来实现。青饲料包括牧草、蔬菜类、作物茎叶、枝叶类和水生植物等。青饲料产量高，来源广，成本低，采集方便，适口性好，营养成分比较全面。实践证明，喂给猪全价饲料的同时，再补充一些青饲料，会获得更好的饲养效果。二花脸猪常用的青饲料有以下几种。

1. 紫花苜蓿　多年生草本植物，是目前栽培最广的一种豆科牧草。紫花苜蓿含有丰富的蛋白质、矿物质、维生素及胡萝卜素，特别是叶片这些营养物质含量更高。紫花苜蓿鲜嫩状态时，叶片重量占全株的 50％ 左右，叶片中粗蛋白质含量比茎秆高 1～1.5 倍，粗纤维含量比茎秆少一半以上，可在现蕾期开始收割，至盛花期停止使用。紫花苜蓿营养价值按干物质计，粗蛋白质含量 22％ 左右，粗纤维 23％ 左右，维生素含量较丰富。在生长育肥期的二花脸猪日粮中适当添加紫花苜蓿会增加胴体瘦肉率，使肉质鲜嫩，并获得良好的生产性能。

2. 南瓜　南瓜种植简单，适应性强，产量高，营养丰富，一般每公顷产 75 000 kg 以上。南瓜肉质脆嫩，果肉甜蜜多汁，适口性好，并且富含胡萝卜素和可溶性碳水化合物，易消化，生喂、煮熟都可以，在夏、秋季，猪多喂南瓜，可增进食欲，促进消化，提高泌乳量，同时可预防母猪便秘。也可将南瓜粉碎制作流动青贮饲料和配合饲料混喂。

3. 胡萝卜　胡萝卜营养价值高，一般含糖 6％ 左右，维生素 A 含量为 36 mg/kg。胡萝卜适口性好、消化率高。种猪群饲喂可以提高繁殖力和泌乳力。南瓜最大的优点是成本低，一年四季均可以使用（冬季可以储存）。可将胡萝卜切成小块饲喂或者打浆饲喂。另外，给母猪饲喂胡萝卜能预防仔猪维生素 A 缺乏症。经常给哺乳母猪饲喂胡萝卜，可使母猪分泌出维生素 A 含量高的奶。仔猪吃到维生素 A 含量高的奶，不但可预防维生素 A 缺乏症，而且对其生长发育非常有利。

4. 甘薯叶　甘薯叶的蛋白质、维生素、矿物质元素含量极高，其大部分营养物质含量都比菠菜、芹菜、胡萝卜和黄瓜等高，特别是类胡萝卜素的含量比普通胡萝卜高 3 倍，比新鲜玉米、芋头等高 600 多倍。可将甘薯藤蔓剁碎直接喂猪，也可与配合饲料混喂。

5. 菊苣　菊苣是一种适应性强、利用期长、营养丰富、品质优良、产量高、适口性好的优质饲料作物。菊苣干物质中粗蛋白质含量为 15％～30％，氨基酸含量丰富，叶丛期 9 种必需氨基酸含量高于苜蓿草粉。菊苣的无氮浸出物、粗蛋白质、粗灰分、粗纤维、脂肪等含量均高于玉米。母猪常年饲喂青饲料，能以青饲料补充精饲料，满足营养，能增加产仔数，降低成本。

6. 苦荬菜　苦荬菜是一种粗蛋白质含量高、粗纤维少，适于喂猪的青饲料。新鲜的苦荬菜粗蛋白质含量为 2.6％，其赖氨酸、苏氨酸和异亮氨酸含量在 0.16％ 左右，营养价值较高。苦荬菜鲜嫩、多汁及味微苦，对猪来说适口性好，可促进食欲，有健胃效果，在生产中使用有利于防止便秘、提高母猪的泌乳量和仔猪的增重。

7. 籽粒苋　籽粒苋适应性强、再生快、产量高、品质好，营养丰富且适口性好，是理想的青绿饲料。籽粒苋茎叶中粗蛋白质含量高，赖氨酸含量极丰富，用它喂猪可促进其他氨基酸的吸收，提高饲料利用率。

8. 俄罗斯饲料菜　其叶片宽大肥厚，有黄瓜香味，适口性特别好，且营养丰富，其嫩茎叶的消化能含量为 1.67MJ/kg，含粗蛋白质 3.5% 左右，而粗纤维仅含 1.3%。饲料菜能为猪提供丰富的蛋白质、维生素和矿物质元素。

9. 聚合草　聚合草又称紫草根，产量高，营养丰富，每千克鲜聚合草含赖氨酸 0.13%，胡萝卜素 1.7 mg，尼克酸 50 mg，维生素 B_1 50 mg，维生素 B_{12} 10 mg，泛酸 42 mg，维生素 C 1 mg，维生素 E 300 mg，是猪的优质青绿多汁饲料。聚合草鲜草中粗蛋白质含量较高，干草的蛋白质含量与首蓿草接近，而粗纤维含量仅为首蓿的 1/2。鲜聚合草喂猪最好，打浆或菜泥拌入糠麸喂猪，每天每头可喂 10~15 kg。

10. 黑麦草　黑麦草是世界上最重要的栽培牧草之一，其生长快、分蘖多、繁殖力强，茎叶柔软光滑适口，营养丰富，品质很好。黑麦草喂猪的方法分别为新鲜草饲喂和干草粉饲喂。新鲜草饲喂要求刈割的鲜草嫩而多汁。收割的嫩草粉碎后，当即饲喂猪。鲜草多汁，维生素含量高，利于吸收，尤其利于仔猪对营养物质的吸收。

11. 白三叶草　其叶柔嫩，在初花期，茎、叶各占一半，蛋白质含量较高，粗纤维含量低。白三叶草可以高温快速脱水加工为草粉，草粉营养可保持鲜草养分的 90%。每千克人工干草粉含有 120~220 g 蛋白质和 200~300 mg 胡萝卜素。干草粉营养价值很高，可以配合饲料混喂。

12. 水生植物　水生植物青饲料有"三水一萍"，即水葫芦、水花生、水浮莲和绿萍。此类饲料含水量达 95% 以上，能值较低，粗蛋白质和其他养分含量也偏低，故营养价值较低，一般作为育肥猪的饲料。饲用时应注意寄生虫病的发生。

13. 鲜树叶类　林区和树木较多的地方，在不影响树木生长的情况下，可选用对动物无毒害的鲜树叶作饲料。常用的有槐树叶、榆树叶、柳树叶和杨树叶等。

(二) 配合饲料

添加青饲料的前提是有适宜二花脸猪食用的配合饲料。配合饲料是根据猪

的饲养标准，将多种饲料按一定比例和规定的加工工艺配制成的均匀一致、营养价值完全的饲料。

1. 按营养成分和用途划分的配合饲料　分为添加剂预混料、浓缩饲料和全价饲料。

（1）添加剂预混料　是指用一种或几种添加剂（微量元素、维生素、氨基酸、抗生素等）加上一定量的载体或稀释剂，经充分混合而成的均匀混合物。根据构成预混料的原料类型或种类，又分为微量元素预混料、维生素预混料和复合添加剂预混料。添加剂预混料的添加量一般为全价饲料的 0.25%～0.3%。

（2）浓缩饲料　是由添加剂预混料、常量矿物质饲料和蛋白质饲料按一定比例混合而成的饲料。在浓缩料中加入一定比例的能量饲料（玉米、麸皮等）即可配制成直接喂猪的全价配合饲料。浓缩饲料一般占全价配合饲料的 20%～30%。

（3）全价饲料　是指在浓缩饲料的基础上加入一定比例的能量饲料配制而成的饲料。它含有猪需要的各种养分，不需要添加其他任何饲料或添加剂，可直接喂猪。

2. 按饲喂对象划分的配合饲料　分为乳猪料、断奶仔猪料、育肥猪料、妊娠母猪料、哺乳母猪料、公猪料等。

（1）乳猪料　由于哺乳期仔猪对饲料养分消化能力差，体内消化器官正处于生长发育期，无论是消化道容量，还是消化道内酶的活性，都处于较低水平，因此乳猪料必须要选择适口性好、易消化吸收、营养成分含量高的原料。玉米是能量饲料的最佳选择，对其进行膨化处理，促使玉米内淀粉大分子有机物糊化变性，更适合仔猪肠胃消化吸收。同时，乳清粉、葡萄糖等，作为仔猪能量供给，能有效起到诱食的作用，切实提升仔猪采食量。此外，此阶段日粮能量水平要求要高，因此可使用适量的脂肪，提升饲料适口性，增加仔猪进食量。仔猪体内组织器官的发育主要源自蛋白的沉积，因此日粮中蛋白质、氨基酸的浓度必须要确保高标准。消化性、适口性好、氨基酸利用率高的全脂大豆粉、大豆粉、鱼粉、血浆蛋白粉等是首选的蛋白质饲料原料。仔猪生长期骨骼发育速度快，对钙、磷等矿物质需求量大。因此，选择优质的钙、磷等矿物质原料尤为重要。为改善仔猪消化道功能，使用酸制剂、酶制剂等也是必不可少的。

（2）断奶仔猪料　由于断奶仔猪消化功能尚未完善，采食量也低，因此要求断奶仔猪饲料适口性好，易消化，能量和蛋白质水平高；限制饲料中粗纤维的含量；补充必需的矿物质和维生素等营养物质。断奶仔猪日粮中添加酶制剂、有机酸和有益微生物，对断奶仔猪的生长发育有很多益处。

（3）育肥猪料　育肥猪的特点是身体各器官、组织、系统及功能都已发育完全，特别是消化系统有了很大的变化，可以消化吸收各种饲料。育肥猪生长很快，育肥猪饲料需要较高的能量水平。同时，高能量的摄入可以提高日增重及饲料的利用率，但是会降低胴体的品质，而适宜的蛋白质水平可以改善猪胴体的品质，因此要求饲料要有合适的能量蛋白比，达到既提高日增重又不改变胴体品质的目的。

（4）妊娠母猪料　根据母猪妊娠期的生理特点，应在其妊娠的不同时期提供相应营养水平的日粮，以满足维持生命、自身增重和胎儿生长的需要。配种前较高营养水平会提高青年母猪的排卵数和卵母细胞的质量，但配种后若继续保持高营养水平会增加妊娠期胚胎死亡率，尤其是初产母猪，胚胎死亡率可达30%～50%。营养影响早期胚胎存活率的关键时期是在配种后 35 d 内。当缺乏维生素特别是与生殖相关的维生素（叶酸等）时，胚胎容易发育成畸形胎儿。所以，妊娠前期应该严格限制饲养；妊娠 35 d 后母猪消化能力增强，日粮可保持中等营养水平；妊娠后期（95～112 d），是胎儿快速发育的时期，必须满足胎儿的营养需要，以提高仔猪的初生重。

（5）哺乳母猪料　哺乳期间应给母猪提供充足的营养，以获得最大的泌乳量、最大的仔猪增重和母猪良好的繁殖性能。哺乳母猪日粮中应添加均衡脂肪粉，这是因为其含有大量的中、短链脂肪酸，转化成乳脂时仔猪更容易吸收，可以为仔猪提供能量并促进仔猪的增重。哺乳母猪对蛋白质的需求较高，蛋白质原料应选择优质豆粕、膨化大豆或进口鱼粉。赖氨酸是哺乳母猪的第一限制性氨基酸，随着赖氨酸摄入量的增加，母猪产奶量增加，仔猪增重提高，母猪自身体重损失减少。另外，哺乳母猪饲料中矿物质元素含量要平衡。

（6）公猪料　种公猪优秀的繁殖潜力体现在精液的质量上，蛋白质、氨基酸是精液和精子的物质基础。蛋白质、氨基酸不足将会影响公猪产生的精子数量和质量，以及影响公猪性欲。为防止公猪过肥，饲粮中要限制能量水平。饲粮中保持一定量的纤维素可以增进公猪的饱腹感，这不仅可改变公猪后消化道的微生物数量，还能减少消化道损伤、保证公猪健康和精力旺盛。维生素 E对于保证种猪的繁殖性能是十分重要的，维生素 E 的特有抗氧化特性有助于精子的成熟和精液质量的提高。

二、二花脸猪的日粮配方

（一）典型日粮配方

二花脸猪典型的日粮配方（结构）为能量饲料（多为玉米）、蛋白质饲料（多为豆粕）、纤维饲料（麸皮、麦麸）加5％预混料构成，如焦溪二花脸猪专业合作社育肥猪的饲料配方为玉米50％，豆粕20％，麸皮15％，米糠10％，复合预混料5％。

由上述日粮配方可以看出，二花脸猪可充分利用纤维饲料营养，因此二花脸猪养殖还可使用草畜配套技术，也可在日粮中添加适宜的非常规饲料与生物饲料，降低生产成本，提高生产效率。

（二）草畜配套技术

草畜配套技术是将种植业与养殖业相结合，使两种产业相互促进，相辅相成的结构模式。常见的草畜配套技术包括"粮改饲"模式和"粮经饲"三元种植结构。

1. "粮改饲"模式　是指将原有粮食种植区转换为饲草种植区，以提供家畜饲料的种植结构转换模式。长期以来，制约我国畜牧业发展的一个重要因素，就是优质饲草有效供给不足，用玉米全株青贮饲喂方式，改变了过去传统玉米籽粒和秸秆分开饲喂的方式，通过以种植全株青贮玉米，改籽粒收储利用为全株青贮利用，从玉米跨区域销售转向就地青贮利用，既可保障种粮农民的收入，又可有效减少家畜饲草料供需缺口，大幅降低生产成本，实现双赢。

据测算，每公顷全株青贮玉米提供给家畜的有效能量和有效蛋白质与籽粒和秸秆分开收获、分开利用相比可增加约40％，推广"粮改饲"，既可减少玉米等能量饲料种植的耕地需求，又可减少对豆粕等蛋白质饲料的进口依赖，还有利于提高家畜养殖生产效率，带动秸秆等资源循环利用，同步提高种植和养殖两个产业的质量、效益和竞争力。

推广"粮改饲"要注意以下方面。一是种养结合。满足家畜养殖需要是粮改饲的最终生产目标，必须按照草畜配套、产销平衡的原则组织生产。根据实际需求确定"粮改饲"面积，不可一味"假""大""空"，使生产脱离实际。二是因地制宜。"粮改饲"的重点是发展青贮玉米，但不仅局限于青贮玉米。

在"粮改饲"过程中，应充分考虑各地资源条件，尊重种、养双方意愿，选择适宜品种，可选择燕麦、高粱、黑麦草、苜蓿等农作物。三是规模化种植。建设现代饲草料生产体系，规模化种植是前提和基础，应鼓励开展专业化、集中连片的饲草料种植。

2. "粮经饲"三元种植结构 是在以粮食作物为主、经济作物为辅的二元结构的基础上，把饲料生产从粮食生产概念中分离出来，安排一定面积土地和适当的作物茬口来生产饲料，逐渐使饲料生产成为一个相对独立的产业，将人畜共粮的种植模式改变为人畜分粮，是粮食作物、经济作物和饲料作物生产协调发展的种植模式。在种植制度上，就是要安排一定的饲料作物生产面积和饲料作物茬口，粮食作物、经济作物和饲料作物 3 种作物茬口合理配置；而在生产方式安排上，可采用粮食作物、经济作物、饲料作物多熟复种轮作和多元间作套种，发展多用途、多功能作物。

"粮经饲"三元种植结构有以下几种模式。

模式 1：传统模式；模式例子：小麦、夏玉米轮作。

模式 2：草粮轮作；模式例子：冬牧黑麦、春青贮玉米、夏玉米间套作模式。

模式 3：牧草、饲料作物轮作；模式例子：冬牧黑麦、饲用甜高粱轮作模式。

模式 4：草草间作；模式例子：小黑麦接茬籽粒苋。

模式 5：粮草间作；模式例子：小黑麦、春玉米、夏玉米间套作。

按照"为养而种，立草为业"的精神，通过招商引资，以合作的形式，建设农区优质牧草种植基地。把种植业与二花脸猪养殖相结合，走发展生态农业之路，将是今后二花脸猪养殖的根本点和切入点。

（三）非常规饲料与生物饲料

1. 非常规饲料 非常规饲料原料是指在配方中较少使用，或者对其营养特性和饲用价值了解较少的饲料原料。非常规饲料原料是一个相对的概念，不同地域、不同猪种日粮所使用的饲料原料是不同的，在某一地区或某一种日粮中是非常规饲料原料，在另一地区或另一种日粮中可能是常规饲料原料。非常规饲料原料是区别于传统日粮习惯使用的原料或典型配方所使用原料的一类饲料原料。二花脸猪主要养殖区的非常规饲料主要有以下几种。

（1）米糠 江苏省是种粮大省，水稻和小麦是江苏省两大主要粮食种植品种。2015年江苏省水稻播种面积达229.16万 hm²，占全省粮食播种面积的42.24%，占全国水稻播种面积的7.58%，位列全国第四。在产量方面，2015年江苏省水稻总产量1 952万 t，占全省粮食总产量的54.82%；占全国水稻总产量的9.38%，位列全国第四。米糠含有丰富的油脂和粗蛋白质，磷钙比例为17∶1。米糠能量高，但长期贮存易变质，因此配制配合饲料时应用新鲜米糠。配制猪用配合饲料，米糠的用量不能超过30%，否则仔猪会出现腹泻，育肥猪易形成软脂，猪肉品质变差。

（2）麦麸 2015年，江苏省小麦播种面积达218万 hm²，占全省粮食播种面积的40.17%，占全国小麦播种面积的9.03%，位列全国第五。在产量方面，2015年江苏省小麦总产量1 174.04万 t，占全省粮食总产量的32.97%；占全国小麦总产量的9.02%，位列全国第五。因此，小麦的高产量带来了其副产品麦麸在养殖业上的应用。麦麸含粗纤维8%～9%，含磷量为含钙量的10倍，硫胺素、烟酸和胆碱的含量最为丰富。麦麸质地松软、适口性好，有倾泻作用。用麦麸饲喂猪，用量不能过多，更不能长时间单独饲喂，否则容易造成猪缺钙。一般猪日粮中麦麸的含量不能超过日粮的15%。

（3）小麦秸秆 作为小麦种植副产品，小麦秸秆同样可作为非常规饲料原料添加于家畜日粮中。秸秆的粗纤维含量很高，蛋白质含量很低，一般为3%～6%，粗灰分含量很高，但其中大量是硅酸盐，对动物有营养意义的矿物质元素很少。矿物质和维生素含量都很低，特别是钙、磷含量很低，含磷量在0.02%～0.16%。其可作为纤维源调节日粮中的能量含量。

（4）醋糟 是利用粮食原料生产食醋的下脚料。醋糟含粗蛋白质6%～10%、粗脂肪2%～5%、无氮浸出物20%～30%、灰分13%～17%、钙0.25%～0.45%、磷0.16%～0.37%，营养丰富，有很高的利用价值。作为非常规饲料，醋糟来源丰富，价格低廉，且主要营养物质基本能满足育肥猪的营养需要。同时，利用醋糟代替部分精饲料，既可节约粮食，又能降低生产成本，减少环境污染。但由于醋糟中含有较多的醋酸，所以不可单一饲喂，以免造成不良影响。

除此之外，饲喂二花脸猪常见的非常规饲料还有玉米苞叶、大豆皮、青贮玉米秸秆、酒糟、膨化玉米、膨化米粉等。

2. 生物饲料 除非常规饲料外，二花脸猪的日粮中还可添加生物饲料。生物饲料就是利用微生物的新陈代谢和繁殖，生产和调制饲料，包括单细胞蛋白饲料、发酵饲料、微生物饲料添加剂等。

（1）单细胞蛋白饲料　单细胞蛋白亦称微生物蛋白、菌体蛋白，是指细菌、真菌和微藻在其生长过程中利用各种基质，在适宜的培养条件下培养细胞或丝状微生物的个体而获得的菌体蛋白。单细胞蛋白营养物质丰富，菌体中蛋白质含量高达 40%～80%，其中氨基酸组分齐全，赖氨酸等必需氨基酸含量较高，同时富含维生素，可作为维生素的替代品。与豆粉相比，单细胞蛋白的蛋白质含量高出 10%～20%，可利用的氮比大豆高 20%，在有蛋氨酸添加时可利用氮甚至能超过 95%。因此，利用非食用资源和废弃资源（农副产品下脚料、工业废液等）开发和推广微生物生产单细胞蛋白成为补充饲料蛋白质来源不足的重要途径。

（2）发酵饲料　一般猪只的饲料利用率为 65%～70%。而发酵饲料是利用各种分解酶、多种有益微生物活菌搭配常用的猪饲料如玉米、豆粕、麦皮等，将饲料原料分解成容易吸收的营养成分。试验表明，利用发酵饲料可以将饲料利用率提高至 80%～85%。尤其是在玉米霉变、转基因玉米使用量逐渐增加、脱霉剂无法彻底解决的情况下。另外，发酵饲料在提高饲料利用率的同时，还可以通过饲料中的微生物菌群建立微生态平衡，调节猪群肠道健康，增强猪的免疫力，使猪群健康程度提高；提高母猪受胎率，减少弱仔、死胎现象的发生，改善母猪奶水数量和质量，提高仔猪断奶窝重的成活率，增加母猪的生产性能。

（3）微生物饲料添加剂　微生物饲料添加剂又称益生素、促生素、活性微生物制剂，是近十几年发展起来的新型饲料添加剂。广义上讲，微生物饲料添加剂是指所有能够对动物胃肠道微生态内环境产生影响的营养型饲料添加剂，可以被改变的环境因素包括胃肠道 pH、气体、碳源（糖类）、氮源等，针对这些环境因素已经开发的微生态饲料添加剂有寡糖、酸化剂、芽孢杆菌、中草药等。狭义上指能够对动物胃肠道微生态内环境产生明显作用的几种典型的营养型饲料添加剂，其主要作用是改变胃肠道微生物群组成，使有益或无害微生物占据种群优势，通过竞争抑制病原或有害微生物的增殖，调节肠道微生态平衡。

我国农业部第 105 号公告公布的允许使用的饲料添加剂有 12 种，包括干酪乳杆菌、植物乳杆菌、粪链球菌、屎链球菌、乳酸片球菌、枯草芽孢杆菌、纳豆芽孢杆菌、嗜酸乳杆菌、乳链球菌、啤酒酵母菌、产朊假丝酵母、沼泽红假单胞菌。

第六章
二花脸猪饲养管理技术

随着二花脸猪群饲养密度和数量的增加，如果不采取合理有效的饲养管理技术，就会导致二花脸猪的抵抗力下降，从而造成疾病流行和传播。因此，做好二花脸猪的饲养管理工作对预防各种疾病及维持正常的生长环境有显著的促进作用。

二花脸猪对当地的饲养环境有较好的适应性。虽大部分养殖场采用圈舍饲养，母猪终年见不到阳光，日粮中粗蛋白质含量较低、粗纤维含量较高，但母猪仍能保持较高的繁殖性能。

第一节　二花脸猪仔猪培育特点和培育技术

仔猪出生后，要记录初生仔猪的体重、公母数、乳头数，并接种伪狂犬疫苗（滴鼻）和喂食百球清（预防球虫病）等。二花脸猪由于产仔数多，仔猪初生重偏小，母猪性情温驯、好静喜卧，因而在仔猪培育过程中各猪场已经形成了一些特殊的培育技术。

一、初生仔猪护理

初生仔猪应早吃初乳、吃足初乳、保温培育和防压是初生仔猪护理、提高育成率的三项重要工作。仔猪出生后1~2h要尽早让其吃上初乳，特别是要辅助弱仔吃2~3次初乳；对仔猪采用暖窝或保温箱培育可起到预防疾病、促进生长、提高乳料利用率的效果，还能有效隔离母猪和仔猪，起到防压作用。有些猪场采用产栏防压，效果较好。冬季要防止贼风。

二、仔猪哺育技术

二花脸猪经产母猪窝产仔数超过 20 头以上的约占 20%，此时窝产仔数超过母猪有效乳头数。为提高仔猪的育成率，促进仔猪正常生长，可采用匀窝、寄养的方法。具体做法是选择产期相近、健康无病、仔猪体重相近、母猪性情温驯、哺育性能好的母猪，寄养的仔猪吃超过半天的初乳，用寄养母猪乳汁或胎衣涂抹仔猪，混淆仔猪本身的气味，促使母猪认哺；要将寄养的仔猪做好标记，以便后期观察、统计，也为系谱的建立、留种、选种打好基础。另外，尽早做好仔猪诱食、补饲工作，可加快仔猪的生长。二花脸仔猪在哺乳期 3～4 周即可饲喂开食料，饲喂开食料前，可用聚合草等青绿饲料诱食。同时，要训练仔猪饮水。

三、仔猪贫血和腹泻的防治

（一）仔猪贫血的预防

二花脸猪由于产仔数多，受胎盘结构的影响，仔猪初生时体内铁元素储存量较少，而随着仔猪生长发育的加快，对铁元素的需要量变大，而母乳中铁元素含量较低，因此不能满足仔猪自身铁元素的需要。此外，二花脸猪的圈养模式由较早的软圈改为硬圈，几乎没有与土壤接触的机会，仔猪更容易发生缺铁性营养性贫血，严重地影响仔猪的育成率和断奶重。为预防仔猪缺铁性贫血的发生，在仔猪初生 2～3 d 时，肌内注射牲血素（右旋糖酐铁）1.5 mL。

（二）仔猪腹泻的预防及治疗

1. 仔猪腹泻　哺乳期仔猪腹泻对仔猪的生长和断奶重都有较大的影响。根据二花脸猪的养殖经验，可将腹泻发生的原因归为以下几个方面。

（1）传染病　如黄痢、白痢等，两者都是由致病性大肠埃希菌引起新生仔猪的一种急性传染病。

（2）贫血　缺铁性贫血也会导致仔猪腹泻。

（3）母乳　母猪膘情过好，日粮中精饲料比例过大会引起母猪乳汁过浓，使仔猪吃后营养不良；母猪因采食变质饲料或患乳房炎使母乳质量变差；母猪营养不良、生病或因发情而泌乳量不足，仔猪因缺乏乳汁免疫而发生腹泻。

（4）环境　圈舍卫生条件不良、潮湿、寒冷、天气骤变，特别是冬季容易发生流行性腹泻。

（5）饲料　除仔猪开食料品质不好外，某些饲料蛋白质使仔猪形成抗原，在仔猪血液中产生抗体，刺激细胞释放组胺，引起小肠炎症，并使小肠绒毛萎缩，发生抗原所致的过敏性腹泻，如生豆饼、鱼粉等饲料原料。

（6）饲养　仔猪在母猪圈内采食变质剩料或饮用污水，更换饲料过快，仔猪采食过饱等，也会引起仔猪腹泻。

2. 腹泻的预防　对仔猪注射疫苗，也可对母猪进行相应的疫苗注射，可有效预防仔猪腹泻。产前应彻底消毒场地和用具，仔猪实行保温培育，肌内注射牲血素，调整母猪日粮和膘情，提高母猪泌乳能力；仔猪早饮水、早补料，补饲微量元素添加剂，加强日常卫生防疫工作，保持圈舍环境清洁等，均可有效防止仔猪腹泻。

3. 腹泻的治疗　若仔猪已经腹泻，要及时对腹泻的仔猪进行治疗，否则仔猪会因营养不良而日渐消瘦，严重时会导致死亡。治疗方法可以是口服一些含中草药成分的水剂药物，严重时可颈部肌内注射泻痢停或恩诺沙星等药物进行治疗，每天 2 次，连续 2 d，至仔猪康复为止。

四、仔猪疾病防控

二花脸猪仔猪从出生到断奶是仔猪育成比较重要的阶段，此阶段仔猪的体质较弱，抵抗力较差，容易接触各种病毒。因此，在仔猪哺育的不同日龄阶段要接种不同的疫苗，防止仔猪在育肥过程中因感染细菌或病毒而引发疾病。主要接种的疫苗有伪狂犬病疫苗、猪圆环病毒病疫苗、蓝耳病疫苗、猪气喘病疫苗、猪瘟疫苗、口蹄疫疫苗等。有些不同种类疫苗可以同时注射，但要在猪颈部两侧注射，不可在同一侧注射。疫苗的接种可有效防控很多常见疾病的发生，增加仔猪的抗病力。仔猪接种疫苗后要做好记录工作，做到不重复、不遗漏。

五、仔猪断奶技术

断奶前几天，若母猪膘情好，应适当减少精饲料和青饲料的供给量，以减少母猪乳汁分泌，尽量避免母猪乳房炎的发生。若母猪膘情不好，则不必减少精饲料，可适当控制青饲料的供给，以免母猪过于消瘦，影响断奶后母猪的发情与配种。断奶是猪生产中比较重要的一个阶段，此阶段仔猪由依靠母猪生活过渡到完全独立生活。因此，选择适宜的断奶时间，采用合理的断奶方法十分重要。

二花脸猪的断奶时间为出生后 35 d，可根据仔猪实际生长情况提前或推后断奶时间。若母猪奶水充足，仔猪生长发育良好的圈舍可适当提前断奶，这样母猪就可以尽快进入下一个发情周期。若母猪奶水不足，或仔猪由于生病、腹泻而生长发育较差，则可适当延迟断奶，因为此时的仔猪体质较弱，加上断奶后环境的改变，容易引起仔猪的死亡。二花脸猪常见的断奶方式有以下两种。

1. 一次断奶法　当仔猪达到断奶日龄时，将仔猪全部移到保育栏中。这种方法简便易行，但是对仔猪的应激较大。

2. 分批断奶法　在预定断奶日期的前几天，先把一窝中生长较好的仔猪断奶，而生长较差或体质较弱的仔猪继续哺乳，到预定断奶日期时，将仔猪移出，实行断奶。这种方法虽然较一次断奶法略显繁琐，但是可以做到对仔猪区别对待，有利于仔猪的均衡生长。

断奶时，要记录断奶日期、仔猪重量、公母数、乳头数及猪舍号、转入保育栏号，然后将仔猪打耳标。母猪均要打耳标，公猪除准备留种的打耳标外，其余商品猪均不打耳标，打完耳标后记录相应耳标号。同时，给断奶仔猪接种猪瘟疫苗和口蹄疫疫苗，并打防疫耳标，记录相应的防疫耳标号。另外，计算母猪乳头数时，若发现"瞎乳头"，要用消毒后的剪刀将其剪掉，并止血，对伤口进行消毒。最后，要保证转入的保育栏消毒彻底，清洁、干燥。

二花脸猪仔猪断奶时的平均重量为 7.5～8.5 kg，每头猪平均乳头数为 (17.27±0.07) 个，有效乳头数为 (16.93±1.67) 个。对重量较重、乳头数超过 20 个，且左右乳头分布基本相同的猪要留意观察，做好标记，这种猪可能是生产和繁殖性能较优异的猪，适合作种猪。另外应注意，二花脸猪仔猪断奶后并群，会立即发生咬架现象，且 1.5h 达到高峰，每小时约 5 次，每次持续时间约为 40s；并群 30h 后仔猪开始睡在一起，72h 后咬架停止。

第二节　二花脸猪保育猪的饲养管理

保育场中的断奶仔猪，仍然处在快速的生长发育时期，是骨骼和肌肉加速生长的阶段，但消化机能还没有完善，抗病能力很弱，如果饲养管理不当，就

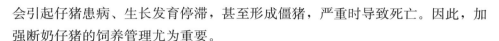

会引起仔猪患病、生长发育停滞，甚至形成僵猪，严重时导致死亡。因此，加强断奶仔猪的饲养管理尤为重要。

二花脸猪仔猪断奶后的几天，会由于生活条件的突然改变而表现为不安、食欲不振、增重缓慢，甚至体重减轻或患病、腹泻、消化不良等，尤其对哺乳期开食晚、吃料少、体质弱的仔猪更加明显。若发现上述情况则要做好记录并及时告诉兽医进行治疗。要保持栏内清洁干燥，夏季注意通风降温，冬季注意防寒保暖，防止贼风，逐步训练仔猪在指定地点排粪、排尿。此外，这一阶段的猪仍然要饲喂开食料，待仔猪习惯并恢复正常饮食后，可以逐渐更换饲料。

在50日龄左右时，要对公猪（除留种外）进行去势。因为二花脸猪性成熟较早，所以较早对二花脸公猪进行去势，有利于其生长。公猪去势的具体做法是先将猪保定，使公猪睾丸露出，用酒精棉擦拭睾丸后，中指用力上顶睾丸，使睾丸突起，阴囊皮肤紧张；然后用消毒后的手术刀割开每侧睾丸阴囊皮肤，再用拇指和食指将睾丸挤出切口；睾丸挤出后向上牵拉摘除，同时尽可能除去所有疏松组织，创口可涂抹头孢类抗生素。若切开的伤口过大，则应缝合，避免失血过多。

60日龄左右时，要对保育猪进行驱虫。驱虫方法是将驱虫药（阿维菌素粉、伊维菌素粉）拌入饲料中，且要搅拌均匀。因为驱虫药本身具有毒性，因此药量不宜过重，以免猪只中毒。饲喂方法是将拌药后的饲料（为正常饲喂量的1/3）加入料槽中，待猪即将把含药的饲料吃完或已经吃完时，添加另外2/3的正常饲料，这样才能保证驱虫药被猪全部吃掉。

第三节　二花脸猪育成育肥猪的饲养管理

二花脸猪从3月龄开始进行育肥，保育期一般为2个月，保育结束后体重平均为20～25 kg。

一、后备母猪的饲养管理

在保证后备母猪3～4月龄正常发育的前提下，5月龄至初配前要适当控制其生产速度，降低营养水平，充分利用二花脸猪耐粗饲和耐低营养水平的特点，尽量多投喂青饲料，以增加其采食量和促进其消化道的充分发育。营养水平为每千克日粮消化能为12.55MJ，粗蛋白质为14％。应当防止营养水平过高而青饲料喂量不足所造成的体躯生长发育不良、体重增长过快及体态过肥。同时也要保证后备母猪在尽可能好的膘情下开始配种和妊娠。如果后备母猪在第一次受孕或第一次哺乳期间没有足够的脂肪储存，那么母猪将消耗很多自身储存的脂肪来支持胎儿的正常发育。这会导致母猪在恶劣的膘情下进入第二个繁殖周期，使第二窝产仔猪数变少，仔猪发育不良，影响仔猪终身的生产成绩；而且也会加快母猪的淘汰。

通常会对后备母猪采用限饲的方法，但限饲一定要与母猪自身的发育情况相结合，做到区别对待。否则，可能会引起后备母猪发情期的延迟，给猪场造成很大的经济损失。例如，蛋白质的缺乏或氨基酸的不平衡会导致后备母猪初情期的延迟，因此饲喂过程日粮蛋白质水平不能过低。另外，后备母猪早期生长和发育阶段，饲喂能满足最佳骨骼沉积所需钙、磷比例的日粮，能够延长其繁殖寿命。还应注意，后备母猪对某些矿物质和维生素的需要量比其他生长阶段的猪要高一些。

二花脸猪母猪的初配月龄一般为 5～6 月龄。判断二花脸猪母猪是否发情，可以从母猪的精神、食欲等方面观察。若母猪食欲减少，精神不好，常静立不动，此时饲养人员应该先用力按压母猪的腰部，看是否出现静立反射，若出现则说明母猪已经发情。随后再观察母猪的阴道是否肿胀、变红或有黏液流出，从而确定母猪合适的配种时间。此外，对于第一次配种的后备母猪，由于其体型较小，可能经不起公猪的爬跨，应当在母猪下身垫一些较软的材料，让母猪趴在上面使身体少受力；然后配种人员可用手将公猪阴茎放在母猪阴道口的位置，让公猪顺利完成交配。

二、商品猪的饲养管理

商品猪按其生长发育阶段可分为三个时期，即从断奶至体重 35～40 kg 为生长期，或称为小猪阶段或育肥前期；体重 35～60 kg 为发育期，或称为中猪阶段或育肥中期；体重 60 kg 至出栏为育肥期，或称为大猪阶段或育肥后期。商品猪生产中要根据各时期二花脸猪的发育特点，采用不同的饲养管理技术，充分发挥商品猪的生产潜力。

1. 注射疫苗　在保育猪转入育肥舍之前，首先要将育肥舍圈冲洗干净，然后进行彻底消毒。待圈舍干后，再将保育猪转入。为避免传染病的发生，保证商品猪育肥期及整个猪群的安全，要对猪进行疫苗预防注射。由于猪断奶前

已经注射多种疫苗，此时只需注射三联苗（猪瘟疫苗、猪丹毒疫苗、猪多杀性巴氏杆菌疫苗）即可，每头猪注射2头份。

2. 合理组群　最好将同一窝的猪或体型基本相同的猪放在一个圈舍以减少咬架行为，这样就可避免合群后发生大欺小、强欺弱、互相干扰的现象。组群的原则是："留弱不留强，拆多不拆少，夜并昼不并"。即把较弱的猪留在原圈，把较强的猪转移到别的圈；把较少的猪留在原圈，把较多的猪合群，或将两（几）群猪并群后赶入一个圈内；合群最好在夜间进行，或者向猪身上喷同样气味的消毒药，使猪体气味相似，不易辨别。合为一群的猪咬架后应及时调教，待其保持相对稳定后，饲养人员才能离开猪舍。调教内容主要包括防止强夺弱食和排便定位。排便定位的主要做法是当猪进舍时，在猪睡卧处铺上垫草，保持干燥，在猪的排粪处堆放少量粪便，泼水，然后把猪赶入圈内。个别猪不在指定位置排便时，要及时将其所排粪便铲到指定排粪位置，几天后猪就会养成定点排粪，定点睡卧的习惯。

3. 圈舍消毒及驱虫　由于育肥舍猪的数量较多，猪容易生病，因此要加强饲养管理，及时清除粪尿，保持圈舍卫生清洁，环境干燥。夏季要多通风，可采用负压通风加湿帘共同降温，效果较好。冬季注意防寒保暖，但白天也要适当开窗通风，清除舍内有毒有害气体、尘埃或微生物，要防止贼风，晚上要关窗。饲养员应时刻注意猪的行为变化，若有不正常或生病的猪要及时通知兽医进行治疗。猪体内外的寄生虫，不但摄取猪所获得的营养，而且还会传播疾病，使猪生长缓慢、消瘦、被毛蓬乱无光泽，甚至形成僵猪，因此要适时对猪群进行驱虫。

4. 合理饲喂及出栏　二花脸猪肌内脂肪含量较高，口感细腻，味道独特，但是背膘较厚，瘦肉率较低。因此，要把握好日粮的能量水平。因为日粮中能量水平与增重和胴体品质有密切关系，在日粮中蛋白质、必需氨基酸水平相同的情况下，猪摄取能量越多，日增重越快，饲料利用率越高，背膘就越厚。此外，要保证蛋白质与必需氨基酸的供给，保证矿物质与维生素的供应水平，控制日粮中的纤维素水平等，从而有效地提高二花脸猪肉品质。

背膘厚与体重呈显著正相关关系，因此二花脸猪商品猪出栏时体重越大，背膘就越厚。为了使二花脸猪拥有较好的肉质，有的猪场在猪体重较小时就选择出栏，但是体重小的猪可能正处在生长发育旺盛期，此阶段饲料利用率可能处在最高水平。所以，选择合适的体重出栏，也是影响猪场经济效益的关键因素。

第四节　二花脸猪空怀母猪的饲养管理

二花脸猪空怀母猪多以低营养水平饲养，每天饲喂量为 2.0～2.5 kg。但饲料营养要全面，特别是蛋白质含量不能缺少，因为蛋白质供应不足，会影响卵子的正常发育，使空怀母猪排卵量减少，降低受胎率。同时，还要满足母猪对各种矿物质和维生素的需要，供给足够的钙、磷、维生素 A、维生素 D，使母猪保持适度的膘情和充沛的精力。对二花脸猪空怀母猪要根据膘情来饲喂，过肥或过瘦都会使母猪不发情、排卵少、卵子活力弱等，易导致空怀、死胎等不良后果。对于体质较差的空怀母猪，配种前一周要供给高能量水平的饲料，这对增加母猪排卵数量和提高卵子质量有很好的作用。对过肥的空怀母猪，要减少日粮中精饲料的比例和饲喂量，可用青饲料来代替部分精饲料，从而使其膘情适宜。

猪舍环境对母猪发情和排卵也有很大的影响，所以应保持猪舍干燥、清洁，多通风，温度适宜；要做好防暑降温工作；对一些不发情的母猪，要找准病因并予以治疗。

第五节　二花脸猪妊娠母猪的饲养管理

做好妊娠母猪的饲养管理工作，是保证胎儿的正常发育，防止流产和死胎，确保母猪产最多活仔及得到均匀一致且健康仔猪的前提。另外，也可为仔猪的哺乳做好准备。

在后备母猪的第一个妊娠期，应该提供粗蛋白质含量充足的日粮以促进机体蛋白质的沉积，同时满足胎儿发育的蛋白质消耗。此期间饲料营养配方可调整为玉米 50%，豆粕 25%，麸皮 10%，米糠 8%，复合预混料 7%。根据猪的大小和体况，每天饲喂量为 2～3 kg，分 2 次饲喂，可加水以粥状形式饲喂。

妊娠期母猪要调整好饲喂量及营养水平，控制母猪背膘厚。研究表明，适宜的背膘厚能提高母猪的繁殖性能，背膘厚过高或过低都会影响母猪产仔数。可采取"前低，后高"的饲养方式，以保证妊娠后期胎儿快速生长的营养需要。另外，产前 2～3 d 日粮中应添加较多的粗饲料，可以防止母猪因便秘而造成仔猪出生通道变小，最终导致难产。

对妊娠母猪的饲养管理主要是保证胎儿的正常发育，防止流产和死胎。二花脸猪的死胎率有时高达 10%～15%，主要是疾病原因导致。此外，四胎以上母猪，随着胎次增加，产仔数增多，产程延长，易使胎儿在分娩过程中窒息死亡。预防流产和死胎的措施有以下几点。

（1）妊娠母猪的饲料要营养全面，尤其应注意供给充足的蛋白质、维生素和矿物质，母猪不能过肥或过瘦。

（2）要注意饲料的品质，不能饲喂发霉变质、有毒有害和有刺激性的饲料。

（3）妊娠后期特别是产前几天应适当减少饲喂量，可避免母猪肠胃内容物过多而压挤胎儿。

（4）防止母猪产生跳跃、滑倒等应激，不能追赶或用鞭子抽打母猪，尽量保持环境安静。

（5）应按计划配种，防止近亲交配，掌握好母猪发情规律，做到适时配种。

（6）做好粪污清扫工作，夏季注意防暑，冬季注意防寒保暖，防止疾病发生。

二花脸猪的平均妊娠期为 114 d，为能及时判断母猪的具体分娩时间，帮助母猪生产，保证母猪产仔时的安全，提高仔猪出生后的成活率，应随时观察二花脸猪母猪的卧息、走动、饮食、排泄、做窝等行为。

产前 2 d，母猪白天和夜间的卧息时间分别占 83.05% 和 90.38%，走动时间分别占 10.00% 和 7.59%，饮食时间分别占 6.15% 和 1.32%，排泄时间分别占 0.80% 和 0.71%。此时二花脸猪母猪尚未做窝。

产前 12h，母猪卧息时间占（25.26±5.71）%，走动时间占（39.43±7.15）%，饮食时间占（3.84±1.71）%，排泄时间占（1.97±0.35）%，并开始做窝，做窝时间占（29.50±7.17）%，母猪已表现出不安。当母猪表现食欲急剧减退或停食，排尿频繁，焦躁不安，呼吸急促，表明母猪即将分娩；若母猪躺卧，四肢伸直，开始出现阵缩，全身用力努责，阴户流出羊水，则分娩开始。

当母猪临近预产期时，应做好分娩前的准备。应做好消毒工作，母猪乳房和阴户部位应该用 1% 高锰酸钾溶液或酒精进行消毒；冬季应提前将保温箱、红外线灯等保暖设施安置好。此外，由于二花脸猪现在大多采用传统的饲养模式，没有单独的产房和产床，并且与其他母猪饲养在同一圈舍，因此对快要分娩的母猪圈舍要做好标记。

母猪分娩时应进行人工接产，有专人看护，以减少生产过程中或生产后仔猪的死亡。接产人员应做到以下几点。

（1）保持产房的环境安静，减少正在分娩母猪的应激，以免分娩中断，造成死胎。

（2）注意分娩前母猪的体温和呼吸状况，当体温高于 39.5℃时，必须对母猪进行检查并予以治疗，否则持续高热将导致母猪产后死亡或无乳症的发生。

（3）仔猪出生后，接产人员应立即用手将其口、鼻中的黏液清除，并用毛巾将全身黏液及口鼻擦净。随后把脐带内的血液向腹部挤压，在距离仔猪腹部4～5cm 处将脐带剪断并用碘酒消毒。若流血过多，可用手指压迫止血。

（4）若是在冬季或天气较冷，应将刚出生的仔猪放入保温箱，并打开红外线灯取暖。

（5）仔猪出生后应及时吃上足够多的初乳，对体质弱小的仔猪要辅助其采食初乳。

（6）检查母猪排出的胎衣数量和努责是否结束，以确定母猪的生产是否结束。胎衣常见为一大块或至少两小块。

（7）母猪难产时应进行助产。

一般情况下，若胎衣不下或胎衣数不全，且母猪仍呈现躺卧状态或仍有努责发生但不见仔猪出生时，应对阴道进行检查，确定其是否难产。若为难产，应进行人工助产。助产时要做到以下几点。

（1）助产前应对母猪外阴和肛门进行消毒处理，以免发生感染。

（2）助产员应修短指甲，将手清洗干净并用酒精消毒，然后均匀涂抹润滑剂。

（3）助产员手要呈圆锥状伸入阴道内，注意动作要轻柔，在宫缩间隙时往前伸，手伸到子宫颈口为止，以免对母猪造成伤害。

（4）仔猪后肢在外侧时，可用手直接缓慢拉出；头部在外侧时，可用产科钳辅助拉出。注意拉猪动作要和母猪努责一致。

（5）助产后的母猪必须用抗生素治疗，以防继发感染。

分娩结束后，将圈舍的血液、胎衣等杂物清理干净，做好保温措施，随后

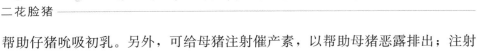

帮助仔猪吮吸初乳。另外，可给母猪注射催产素，以帮助母猪恶露排出；注射抗生素，预防产后炎症的发生。还应保持猪舍干燥、清洁，强迫母猪站立吃料、适量运动，让母猪尽快恢复体况。产后 3 d 内，母猪白天和夜间的走动时间仅分别占（3.39±0.28)％和（4.98±1.94)％，哺乳时间分别占（7.02±0.70)％和（7.62±1.12)％，表现为以安静休养为主。

第六节　二花脸猪哺乳母猪的饲养管理

母猪分娩后，首先要记录母猪耳号、胎次、产仔日期、产仔数及母猪分娩情况、泌乳与健康状况、仔猪转入和转出数等。由于二花脸猪带仔数较多，初产母猪平均产仔数为（12.42±0.12）头，经产母猪为（15.30±0.14）头；初产母猪平均产活仔数为（11.46±0.11）头，经产母猪为（13.59±0.11）头，显著高于国内外其他猪种。因此，二花脸猪哺乳期营养需要量为妊娠期的 2～3 倍，每千克日粮应含消化能 12.13MJ，粗蛋白质 14％，并应注意供给矿物质和维生素等。产仔当天不能给母猪喂食，如果母猪表现饥饿，可饲喂 0.5～1 kg 饲料，产后 1 d 给予母猪 1～1.5 kg 饲料；以后逐渐增加，产后 5～7 d 可恢复正常饲喂量，日供给混合精饲料 3.5～5 kg，做到日粮的优质、稳定、均衡。但是产后的一周内，不要让母猪吃得过多，以免母猪发生产褥热、乳房水肿。母猪泌乳过多也是引起仔猪黄、白痢的重要原因之一，如管理不善，很容易引起仔猪死亡。断奶前要适当减料，预防乳房炎的发生。总的来说，应根据维持和哺乳母猪带仔数的营养需要，供给充足的全价日粮，以保证哺乳母猪泌乳潜力的发挥，满足仔猪的营养需要。同时，做好哺乳母猪的饲养管理，可以防止泌乳期过度失重而影响繁殖性能。

有时我们会看到个别母猪产仔后不愿意给仔猪哺乳，具体表现为仔猪吮吸乳头时，母猪用嘴或鼻将仔猪顶开，甚至有时会出现咬仔猪的情况。由于母猪拒绝给仔猪哺乳，致使仔猪消瘦，抵抗力下降，发育受阻，严重时引起仔猪死亡。母猪拒哺的原因及应对方法如下。

一、防止母猪产后缺乳或无乳

正常母猪每天的泌乳次数平均为（20.17±5.05）次，每次泌乳量为（0.26±0.04）kg，产后 20 d 时出现泌乳高峰，此时泌乳次数最多可达 31 次。

如果在母猪妊娠期间饲养管理不当，母猪过肥或过瘦，或者母猪年龄过大或过小，都会引起母猪泌乳能力变差，导致乳汁不足或无乳。这时如果仔猪不停啃乳头，则会引起母猪的烦躁不安，导致母猪拒哺。预防方法是加强母猪妊娠后期的饲养管理，调节母猪体况，防止其过肥或者过瘦。因为母猪过肥则乳房沉积脂肪多，导致乳腺发育不良而使泌乳量减少；而过瘦的猪会引起营养不良，乳腺干瘪，也会导致泌乳量下降。过肥的猪应适当减少饲喂量，过瘦的猪可以在日粮中增加粗蛋白质饲料或饲喂多汁饲料。还可以在母猪日粮中添加粉末状催乳剂，与饲料搅拌均匀后用于饲喂母猪，增加母猪泌乳量。

二、防止母猪乳房炎或仔猪咬乳头

当母猪开始哺乳时，若仔猪刚吮吸乳头，母猪就猛地站起来并发出尖叫声，或者要咬仔猪，这可能是由于母猪乳头有伤或发炎，导致仔猪吮乳时引起母猪疼痛；也可能是仔猪犬齿锋利，咬伤了乳头，母猪反感而拒哺。预防方法是用剪牙钳剪平仔猪的犬齿，防止咬伤母猪的乳头。如果发现母猪乳房发炎或乳头有伤，要及时进行治疗。

三、帮扶初产母猪哺乳

有些初产母猪因无喂乳习惯，会出现拒哺现象，但这种情况较为少见。对这类母猪应耐心调教，如母猪躺下时，用手轻抚肚皮，按摩乳房，挤压乳头等。要防止仔猪争夺乳头，保持环境安静，使母猪逐渐适应，从而拒哺现象就会减少。

四、防止母猪产后厌食与哺乳期失重

母猪产仔后可能会产生厌食等行为，这是一种代谢紊乱性疾病。其主要症状是：采食量逐渐减少，体质日益消瘦，大便秘结，小便枯黄，低热，乳房干瘪，泌乳量逐渐减少。如果不及时治疗，则会引起母猪产奶量不足，从而导致仔猪营养不良，发育迟缓，还有可能成为僵猪，造成死亡。而且母猪本身病情会加剧，食欲进一步减退甚至拒食，导致母猪步履跟跄，经常卧地不起和呻吟，严重时导致死亡。

引起母猪产后厌食的原因有以下几个方面：一是母猪平时营养失调，产仔时过度疲劳，造成食欲下降；二是饲料过精，青、粗饲料不足，导致母猪便

秘，从而引起食欲下降；三是母猪产仔时，胎衣没有及时清理，导致母猪吞食胎衣，引起消化不良；四是母猪产后腹压突然降低，影响正常的消化功能；五是母猪产后饲料饲喂过早或过多，母猪因消化不良而"顶食"；六是母猪产后感染疾病，体温升高，引起厌食。因此，对母猪产后厌食症的治疗，要根据不同的原因，采取不同的治疗措施。

母猪哺乳期失重是指母猪产后 3 d 时体重与断奶时体重之差。母猪哺乳期失重程度是以母猪哺乳期失重量占母猪产后体重的百分率，即失重率来表示。失重率是反映母猪哺乳期营养生理调节机能的一个重要特性。母猪产后乃至整个哺乳期失重是正常现象，但失重率大小与产后饲养水平及日采食量有很大的关系。二花脸猪哺乳期哺育仔猪数多，泌乳性能好，在日粮营养供给不足的条件下，会以失重来补偿泌乳的营养需要。在哺乳期 60 d 正常失重率达 15％～25％的情况下，断奶后母猪可以按时发情、配种受胎、迅速复膘，并能保持正常的产仔数。这与二花脸猪的基础代谢较低、沉积脂肪能力较强有关。因此，可以看出，二花脸猪母猪哺乳期具有耐较大失重的特性。据测算，在母猪正常失重情况并且能在断奶后以聚合草等青饲料搭配较少精饲料条件下，母猪能迅速复膘，此时可以节约精饲料 15％～20％，这是二花脸猪节粮型饲养的宝贵特性之一。

如果母猪哺乳期日粮营养水平过低，精饲料比例过小，导致哺乳期失重率高达 35％以上时，会造成母猪发情期受胎率不高，产仔数降低，哺乳母猪泌乳力变差，影响繁殖潜力的充分发挥。有试验表明，由蛋白质摄入量不足引起的母猪泌乳期动用体内储存的蛋白质，与能量摄取量不足引起的脂肪组织分解相比，前者对母猪的再次发情影响更为严重。

五、母猪哺乳期发情配种及其控制

二花脸猪哺乳期发情占总群的 25％～40％，第一次发情在产后 2～14 d，发情不明显，一般不能正常排卵受孕。第二次发情多出现在产后 22～35 d，能正常排卵、配种受孕，不影响产仔数。因此，可以在哺乳母猪第二次发情时对母猪进行配种，这样母猪在哺乳期就可以妊娠。一般情况下，母猪由于发情对采食量和泌乳量稍有影响，产后第二次发情越早，则影响越大。个别母猪由于发情而表现不安，采食量大减，泌乳量也减少，可引起所带仔猪患缺乳性腹泻。哺乳期妊娠是二花脸猪种质资源的宝贵特性之一。这种母猪既可缩短产仔间隔，提高繁殖效率，使二花脸猪繁殖能力最大化，又可使培育仔猪的乳、料并用，不需用高营养水平的补料，可节约仔猪培育的饲料成本。

第七节 二花脸猪种公猪的饲养管理

一、后备公猪的饲养管理

二花脸猪公猪性成熟早，性欲旺盛，3月龄时频繁爬跨母猪，此时如果饲养管理不当，会造成其发育受阻，精液品质降低等。二花脸猪公猪一般在断奶后就要与母猪分开饲养，每群2～4头公猪。当到达3月龄时，就要单圈饲养，避免公猪间的相互爬跨。另外，这一阶段猪生长发育相对较快，特别是骨骼仍处于较高密度的生长阶段，肌肉的生长强度也开始增加。这一时期小公猪的消化器官已经较为发达，消化机能也逐渐增强，也是其生殖器官的发育期，因此要保持圈舍通风干燥、清洁，改善光照以促进公猪对维生素D的吸收，并做好夏季防暑降温工作。有条件的猪场还可以建设运动场地供公猪运动，以促进其食欲，增强体质，提高配种能力。后备公猪的初配月龄应以性成熟程度参考月龄和体重来确定。

后备公猪饲料中要有充足的蛋白质，以保证精液的质量。饲喂动物性饲料对提高精液品质有明显的效果。日粮消化能水平应在12.13～12.56 MJ/kg，粗蛋白质含量应在16%以上。消化能过高公猪易沉积脂肪，体质过肥，性欲和精液品质下降；消化能过低，公猪身体消瘦，精液量减少，精子浓度下降，进而将影响受胎率。钙、磷不足会使精子发育不全，精子活力降低，死精子增加，饲料中应含钙0.65%，磷0.55%。必须添加铁、铜、锌、锰、硒等微量元素，尤其是硒缺乏时可引起睾丸退化，精液品质下降。饲料中的维生素种类和含量也要充足，尤其是维生素A和维生素E对精液品质有很大影响；长期缺乏维生素A，会引起睾丸肿胀或萎缩，不能产生精子，使公猪失去繁殖能力；维生素D对钙、磷代谢有影响，会间接影响公猪精液品质。

二、配种公猪的饲养管理

青年公猪初次交配缺乏经验，交配行为不正确，此时要对其进行调教，如纠正爬跨姿势，帮助公猪将阴茎插入母猪阴道等，经过一段时间的调教后，交配行为逐渐得到改善。配种公猪每天的配种次数根据年龄而有所不同，要合理

利用公猪，这样才能延长公猪使用年限。年轻公猪每天配种次数不宜超过 1 次，连用 2～3 d 要休息 1 d；成年公猪每天配种次数不得超过 2 次，连续配种 4～5 d 休息 1 d。夏季配种时间应安排在早晨与傍晚进行，以避开炎热的中午；冬季配种安排在上、下午天气暖和时进行。配种前不要喂食公猪，不能用冷水冲洗猪身，以免危害公猪健康。另外，要加强配种公猪的运动，促进其新陈代谢、增强体质及锻炼四肢力量；还要做好夏季防暑降温工作，高温会影响正常精子的发生和成熟；圈舍应保持清洁干燥和阳光充足。此外，要定期检查公猪精液品质，以便及时调整饲养水平，防止公猪过肥，并且要杜绝公猪的自淫行为。一般公猪使用年限为 4～5 年，及时淘汰一些使用年限过长、精液品质差的公猪是很有必要的。

应根据公猪体质、状态、体重、年龄和配种任务调节公猪的日粮营养水平和饲喂量，公猪饲料应以精饲料为主。还可以投喂青饲料，但不宜过多，以免造成公猪腹大下垂，影响配种。另外，配种前一个月，要提高公猪日粮的营养水平，应比非配种期的营养水平提高 20％～25％；冬季气候寒冷，日粮的营养水平应提高 10％～20％。

第七章

二花脸猪疫病防控

第一节　二花脸猪生物安全

一、健康检查

一般是通过猪的临床表现、生理指标、生产性能等来评价猪群的健康状况。

（一）猪的个体检查

猪个体检查的具体情况见表7-1。

表7-1　猪的个体检查情况

检查项目	健康状态	不健康状态
躯体	体重正常	过瘦或过肥
清洁度	全身较清洁	全身沾有粪污
采食状态	食槽清洁，食欲旺盛	残留饲料多，食欲减退或无食欲
粪便	柔软湿润，椭圆形，中度棕色至深棕色，无恶臭或其他异味	过硬或水样，带血，颜色异样，有恶臭等
尿液	接近无色透明，澄清	混浊，量少，有异味，色深
皮肤毛发	皮肤无斑点，无色素区，毛发光亮	被热灯烧伤，皮肤破损或结痂，贫血，有明显皮肤病如渗出性皮炎，毛发竖起
面部	两眼明亮，鼻镜湿润	两眼暗淡无光，有眼屎，鼻镜干
腿和蹄	正常站立	腿外展，蹄部损伤，起卧困难
尾	修剪平整，或让其保持自然长度	修剪后尾红肿或感染

（续）

检查项目	健康状态	不健康状态
运动	肢体结构和步态正常	"八"字腿，关节肿大，蹄部损伤，跛行
呼吸	呼吸正常，规律	呼吸急促，气喘，喷嚏
触摸检查	仔猪身体柔软，骨骼发育正常，身体无明显硬块，淋巴结正常	骨骼畸形发育，身体有明显硬块，淋巴结肿大
母猪乳腺	乳腺软硬正常，分泌乳汁正常	乳头内陷、不成熟或间距小，乳腺红肿热痛，乳汁异常
阴道分泌物	水样，清亮至发白液体	脓性、血性或有腐臭味分泌物
公猪性欲	反应敏捷，性欲旺盛	反应迟钝，性欲减退或无性欲

（二）猪的生理指标

猪的生理指标见表 7-2。

表 7-2　不同日龄猪的体温、呼吸频率和心率

类型	直肠温度（℃）	呼吸频率（次/min）	心率（次/min）
初生猪（0）	39.0±0.3	50～60	200～250
初生猪（1h）	36.8±0.3		
初生猪（12h）	38.0±0.3		
初生猪（24h）	38.6±0.3		
哺乳仔猪	39.2±0.3		
保育猪	39.0±0.3	30～40	80～90
育肥猪	38.8±0.3	25～35	75～85
怀孕母猪	38.7±0.3	13～18	70～80
母猪			
分娩前 24h	38.7±0.3	35～45	
分娩前 12h	38.9±0.3	75～85	
分娩前 6h	39.0±0.3	95～105	
第一头仔猪出生	39.4±0.3	35～45	
分娩后 12h	39.7±0.3	20～30	
分娩后 24h	40.0±0.3	15～22	
分娩后 1 周至仔猪断奶	39.3±0.3		
断奶后 1 d	38.6±0.3		
公猪	38.4±0.3	13～18	70～80

（三）猪的群体检查

饲养人员和兽医要加强猪圈的巡查，观察猪的身体状况，一旦发现异常，应测量猪的体温、呼吸频率和心率，及时解决问题。检查仔猪、保育猪和育肥猪，如果采用全进全出的生产模式，需要进行以下处理：在全出后要对圈舍进行彻底清洁和消毒，在全进前空舍干燥数日。同群猪体重不宜相差过大，也不能存在如皮肤损伤、腹泻、咳嗽或打喷嚏等临床症状。

猪通常可被观察到的问题包括：密度过高，体重差异过大，过于活泼或沉郁，咳嗽、打喷嚏或鼻塞，贫血，皮肤破损，腹泻，直肠脱落或狭窄，疝气，耳血肿，咬脐带和腹部下垂。如果环境不适，有些问题可能被观察到，如咬尾和咬耳，在采食区或休息区排便；如果过冷猪会打寒战，如果过热猪会在粪尿上喘气和贪睡。因此，猪群的健康状况和猪场的环境管理息息相关。

二、猪场防疫制度

必须贯彻"预防为主，防治结合，防重于治"的原则，制定养猪场的防疫制度并严格执行。

1. 猪场养殖区　养殖区包括出猪台、化验室、猪舍、沼气池等。生活区包括办公室、食堂、宿舍等。非生活区工作人员及车辆严禁进入生活区，确有需要者必须经场长或主管兽医批准并经严格消毒后，在场内人员陪同下方可进入，只可在指定范围内活动。

2. 猪场生活区管理制度

（1）生活区大门应设消毒岗，全场员工及外来人员入场时，均应通过消毒岗，消毒池每周更换 2 次消毒液。

（2）每月对生活区及其环境进行一次清洁、消毒、灭鼠、灭蝇。

（3）任何人不得从场外购买猪及其加工制品入场，场内职工及其家属不得在场内饲养动物如猫、犬。

（4）饲养员要在场内宿舍居住，不得随意外出；场内技术人员不得到场外出诊，不得在屠宰场或其他猪场逗留。

（5）员工休假回场或新招员工要在生活区隔离 2 d 后方可进入养殖区工作。

（6）做好场内环境绿化工作。

3. 车辆卫生防疫制度

（1）运输饲料的车辆要彻底消毒。

（2）运猪车辆出入隔离舍、出猪台要彻底消毒。

（3）司机不允许与场内人员接触，随车装卸工要更衣、换鞋、消毒。

4. 购销猪防疫制度

（1）从外地购入种猪，须经过检疫，并在场内隔离观察 40 d，确认为无病健康猪，经冲洗干净并彻底消毒后方可进入养殖区。

（2）出售猪时，须经兽医临床检查无病，方可出场；出售猪只能单向流动。

（3）养殖人员出入隔离舍、猪舍，要严格更衣、换鞋、消毒，不得与场外人员接触。

5. 疫苗保存及使用制度

（1）各种疫苗要按要求进行保存，凡是过期、变质、失效的疫苗一律禁止使用。

（2）免疫接种必须严格按照养殖场制定的免疫程序进行。

（3）免疫注射时，不打飞针，严格按要求进行操作。

（4）做好免疫计划及免疫记录。

6. 其他制度

（1）养殖场工作人员不准留长指甲，男性员工不准留长发，不得带私人物品入场。

（2）养殖场每栋猪舍门口、产房各单元门口设消毒池、消毒盆，并定期更换消毒液，保持有效浓度。

（3）制定完善的猪舍、猪体消毒制度。

（4）杜绝使用发霉变质的饲料。

（5）对常见病做好药物预防工作。

（6）做好员工的卫生防疫培训工作。

三、常用消毒药种类及其使用方法

消毒药品种类繁多，按其性质可分为醇类、碘类、酸类、碱类、卤素类、酚类、氧化剂类、挥发性烷化剂类等，下面介绍猪场常用的几种消毒药及其使用方法。

1. 氢氧化钠　又称苛性钠、烧碱或火碱，属于碱类消毒剂，粗制品为白色不透明固体，有块、片、粒、棒等形状；溶液状态的氢氧化钠俗称液碱，主要用于场地、栏舍等消毒。2%～4%氢氧化钠溶液可杀死病毒和繁殖型细菌，30%氢氧化钠溶液10min可杀死芽孢，4%氢氧化钠溶液45min可杀死芽孢，如加入10%食盐能增强杀芽孢能力。实践中常以2%的氢氧化钠溶液用于消毒；消毒1～2h后，用清水冲洗干净。

2. 石灰　又称生石灰，属于碱类消毒剂，主要成分是氧化钙，加水即成氢氧化钙，俗名熟石灰或消石灰，具有强碱性，但水溶性小，解离出来的氢氧根离子不多，消毒作用不强。1%石灰水杀死一般的繁殖型细菌要数小时，3%石灰水杀死沙门氏菌要1h，对芽孢和结核菌无效。其最大的特点是价廉易得。实践中，20份石灰加水到100份制成石灰乳，用于涂刷墙体、栏舍、地面等，或直接加石灰于被消毒的液体中，或撒在阴湿地面、粪池周围及污水沟等处。

3. 赛可新　属于酸类消毒剂，主要成分是复合有机酸，用于饮水消毒，用量为每升饮水添加1.0～3.0 mL。

4. 农福　属于酸类消毒剂，由有机酸、表面活性剂和高分子量杀微生物剂混合而成。对病毒、细菌、真菌、支原体等都有杀灭作用。常规喷雾消毒按1∶200稀释，每平方米使用稀释液300 mL；有疫情时，按1∶100稀释，每平方米使用稀释液300 mL；消毒池按1∶100稀释，至少每周更换一次。

5. 醋酸　属于酸类消毒剂，用于空气熏蒸消毒，按每立方米空间3～10 mL，加1～2倍水稀释，加热蒸发。可带猪消毒，用时须密闭门和窗。市售酸醋可直接加热熏蒸。

6. 漂白粉　属于卤素类消毒剂，灰白色粉末状，有氯臭，难溶于水，易吸潮分解，宜密闭、干燥储存。杀菌作用快而强，价廉而有效，广泛应用于栏舍、地面、粪池、排泄物、车辆、饮水等消毒。饮水消毒可在1 000 kg水中加6～10 g漂白粉，10～30min后即可饮用；地面和路面可撒干粉再洒水；粪便和污水可按1∶5的用量，边搅拌，边加入漂白粉。

7. 二氧化氯消毒剂　属于卤素类消毒剂，是国际上公认的新一代广谱强力消毒剂，被世界卫生组织列为A1级高效安全消毒剂，杀菌能力是氯气的3～5倍；可应用于畜禽活体、饮水、饲料的消毒，以及栏舍空气、地面、设施等环境消毒、除臭；本品使用安全、方便，消杀除臭作用强，单位面积使用成本低。

8. 二氯异氰尿酸钠　又名消毒威，属于卤素类消毒剂，使用方便，主要用于养殖场地面喷洒消毒和浸泡消毒，也可用于饮水消毒，消毒力较强，可带猪消毒。使用时按说明书配制。

9. 二氯异氰尿酸钠烟熏剂　属于卤素类消毒剂，用于栏舍、饲养用具的消毒。使用时，按每立方米空间 2～3 g 计算，置于栏舍中，关闭门窗，点燃后即离开，密闭 24h 后，通风换气即可。

10. 氯毒杀　属于卤素类消毒剂，使用方法同消毒威。

11. 百毒杀　属于双链季铵盐广谱杀菌消毒剂，无色、无味、无刺激和无腐蚀性，可带猪消毒。配制成万分之三或相应的浓度用于圈舍、环境、用具的消毒；万分之一的浓度用于饮水消毒。

12. 东立铵碘　属于双链季铵盐、碘复合型消毒剂，对病毒、细菌、霉菌等病原体都有杀灭作用。可供饮水、环境、器械的消毒；饮水、喷雾、浸泡按 1∶（2 000～2 500）稀释，发病时按 1∶（1 000～1 250）稀释。

13. 菌毒灭　属于复合双链季铵盐灭菌消毒剂，具有广谱、高效、无毒等特点，对病毒、细菌、霉菌及支原体等都有杀灭作用；饮水按 1∶（1 500～2 000）稀释；日常对环境、栏舍、器械消毒（喷雾、冲洗、浸泡）按 1∶（500～1 000）稀释；发病时按 300 倍稀释。

14. 福尔马林　属于醛类消毒剂，是含 37％～40％的甲醛水溶液，有广谱杀菌作用，对细菌、真菌、病毒和芽孢等均有效，在有机物存在的情况下也是一种良好的消毒剂，缺点是有刺激性气味。2％～5％福尔马林水溶液用于喷洒墙壁、地面、料槽及用具消毒；房舍熏蒸按每立方米空间用福尔马林 30 mL，置于一个较大容器内（至少 10 倍于药品体积），加高锰酸钾 15 g，关好所有门窗，密闭熏蒸 12～24h，再打开门窗除味。熏蒸时室温最好不低于 15℃，相对湿度在 70％左右。

15. 过氧乙酸　属于氧化剂类消毒剂，纯品为无色澄明液体，易溶于水，是强氧化剂，有广谱杀菌作用，作用快而强，能杀死细菌、霉菌芽孢及病毒，不稳定，宜现配现用。0.04％～0.2％过氧乙酸溶液用于耐腐蚀小件物品的浸泡消毒，时间 2～120min；0.05％～0.5％或以上过氧乙酸溶液用于喷雾消毒，喷雾时消毒人员应戴防护目镜、手套和口罩，喷雾后密闭门窗 1～2h；用 3％～5％过氧乙酸溶液加热熏蒸，每立方米空间 2～5 mL，熏蒸后密闭门窗 1～2h。

四、免疫

（一）规模化种猪场推荐免疫程序

不同类型猪的免疫程序均不相同（表7-3至表7-5）。

表7-3　育肥猪的免疫程序

生长阶段	疫苗名称	免疫剂量	使用方法
7日龄	猪支原体肺炎灭活苗	1头份（2 mL）	颈部肌内注射
20日龄	蓝耳病弱毒疫苗	2头份	颈部肌内注射
20日龄	猪圆环病毒病2型疫苗	2 mL	颈部肌内注射
断奶	猪瘟细胞活疫苗	2头份	颈部肌内注射
断奶	猪口蹄疫O型灭活疫苗	2 mL	颈部肌内注射
断奶后7 d	伪狂犬病活疫苗	2 mL	颈部肌内注射
70日龄	猪口蹄疫O型灭活疫苗	2 mL	颈部肌内注射
70日龄	猪瘟疫苗活细胞	2头份	颈部肌内注射
100以上日龄	猪瘟疫苗活细胞	2头份	颈部肌内注射

表7-4　种公猪的免疫程序

免疫时间	疫苗名称	免疫剂量	使用方法
每年1月	猪瘟细胞活疫苗	4头份	颈部肌内注射
每年7月	猪瘟细胞活疫苗	4头份	颈部肌内注射
每年1月	蓝耳病弱毒疫苗	4头份	颈部肌内注射
每年5月	蓝耳病弱毒疫苗	4头份	颈部肌内注射
每年9月	蓝耳病弱毒疫苗	4头份	颈部肌内注射
每年1月	伪狂犬病弱毒疫苗	2头份	颈部肌内注射
每年1月	猪口蹄疫O型灭活疫苗	4 mL	颈部肌内注射
每年7月	猪口蹄疫O型灭活疫苗	4 mL	颈部肌内注射

表7-5　种母猪的免疫程序

免疫时间	疫苗名称	免疫剂量	使用方法	备注
跟胎（产后）	蓝耳病弱毒疫苗	4头份	颈部肌内注射	每年2次
跟胎（产后）	猪圆环病毒病2型疫苗	4 mL	颈部肌内注射	每年2次

（续）

免疫时间	疫苗名称	免疫剂量	使用方法	备注
跟胎（产后）	伪狂犬病弱毒疫苗	4 头份	颈部肌内注射	每年 2 次
产前 57 周	仔猪三价基因工程苗	4 头份	颈部肌内注射	
配种前	猪细小病毒病疫苗	2 mL	颈部肌内注射	后备
每年 3—5 月	乙型脑炎疫苗	2 头份	颈部肌内注射	后备
跟胎（产后）	猪瘟细胞活疫苗	4 头份	颈部肌内注射	每年 2 次
跟胎（产后）	猪口蹄疫 O 型灭活疫苗	4 mL	颈部肌内注射	每年 2 次
每年 10 月	猪传染性胃肠炎二联灭活疫苗	2 mL	后海穴注射	2 周后加强免疫

（二）疫苗的接种方法

1. 肌内注射法　肌内注射是将疫苗注射于富含血管的肌肉中，因肌肉的感觉神经较少，故疼痛较轻；注射部位是猪耳根后 4 指处（成年猪）颈部的内侧或外侧，或臀部注射。

2. 皮下注射法　皮下注射是将疫苗注入皮下结缔组织后，疫苗经毛细血管吸收进入血液，通过血液循环到达淋巴组织，从而产生免疫反应。注射部位多在耳根后皮下，其特点是吸收缓慢但均匀，但油类疫苗不采用皮下注射。

3. 滴鼻法　滴鼻接种属于黏膜免疫的一种。该方法既可刺激机体产生局部免疫，又可建立针对相应抗原的共同黏膜免疫系统。目前，使用比较广泛的是猪伪狂犬病基因缺失疫苗的滴鼻接种。

（三）疫苗使用注意事项

根据本场的实际情况，制定相应的免疫程序，选择可靠和适合本猪场的疫苗及相应的血清型后，还必须根据实际防疫的监测结果定期对免疫程序做适当调整。

（1）疫苗使用前应检查其名称、厂家、批号、有效期、物理性状、贮存条件等是否与说明书相符。

（2）疫苗注射过程应严格消毒。注射针头不可重复使用，以防交叉感染。

（3）免疫接种时要保证垂直进针，这样可保证疫苗的注射深度，同时还可防止针头弯折。

（4）要对猪群的健康状况进行认真检查，对于不健康、亚健康或处于观察期的猪不能注射疫苗。

（5）疫苗稀释后，应于 15℃以下 4h、15～25℃ 2h、25℃以上 1h 内用完；最好早晨注射疫苗。

（6）猪因个体差异，在注射油佐剂疫苗时可能会出现过敏反应（表现为呼吸急促、全身潮红或苍白等），所以每次接种疫苗时要准备肾上腺素、地塞米松等抗过敏药物。

五、饲养管理

（一）环境控制

环境条件对猪的生长发育是十分重要的。温度、湿度、气流、饲养密度等与提高猪的生产能力和育肥速度有密切关系。低温能造成能量消耗增加，高温能降低食欲，因此根据季节和圈舍条件，冬季应增设防寒保温设施。猪舍不但在冬季要保暖防寒，夏季还应降暑通风，防止猪中暑。一般猪舍的适宜温度，哺乳仔猪为 25～30℃，育成猪为 20～23℃，成年猪为 15～18℃；猪舍适宜的相对湿度为 50%～75%。

（二）加强猪圈的巡查

平时应训练猪在固定地点采食、睡觉、排便。为了保持圈舍清洁，应在喂食后及时清扫。饲养人员应与猪经常接触，做到三看（看吃食、看粪便、看动态）、四定（定食、定量、定温、定质），保证猪的健康，促进其生长发育，提高养猪效益。

（三）合理调整饲料

合理调制饲料可以减少营养物质损失和提高饲料利用率。用整粒精饲料喂猪，其消化率为 67%，而粉碎后喂猪消化率可提高到 85%。为满足青饲料的用量，在青饲料生长旺季开展青贮，以备在冬季和早春使用。青饲料切碎喂猪，猪吃饱需 62.2min，如打浆后喂猪，猪吃饱需 24.9min；青饲料切碎喂猪，其干物质和蛋白质的消化率分别为 61.20% 和 49.2%，如打浆后喂猪，其干物质和蛋白质的消化率分别为 63.20% 和 50%。精饲料一般应粉碎后饲喂，可减少营养物质的损失，但粉碎的大豆籽实最好加热处理，可提高其适口性，

也可提高大豆蛋白质的消化率。

六、猪场常备药物及器械

(一)治疗用药

1. 黄芪多糖注射液　用于增强猪体质，稀释猪瘟疫苗，配合其他抗菌药物辅助治疗。

2. 氟苯尼考注射液　用于治疗咳嗽等呼吸道疾病。

3. 氨苄青霉素　用于治疗感冒等。

4. 磺胺六甲注射液　治疗皮肤发红、腿僵、腰躬等。

5. 链霉素　与氨苄青霉素配合使用。

6. 庆大霉素　用于治疗肠炎及呼吸道病。

7. 痢菌净　治疗血痢或下痢。

8. 阿托品　配合抗生素治疗严重腹泻。

9. 肾上腺素　用于抗过敏、抗休克。

10. 病毒灵（利巴韦林）　用于治疗病毒性感冒或病毒性疫病。

11. 头孢噻呋钠　用于治疗葡萄球菌等。

12. 氨基比林、安乃近、安痛定　起解热镇痛作用。安乃近配合青霉素治疗一般不吃料的猪，怀孕母猪使用剂量不能过大，否则会导致流产。

13. 地塞米松　用于治疗咳嗽、气喘，配合安乃近、柴胡治疗高热。

14. 维生素 B_1　用于健胃，治疗不食。

15. 维生素 C　用于调节体质。

16. 维生素 K_3、止血敏　用于出血的治疗。

17. 双黄连注射液　和青霉素、链霉素合用治疗猪高热不食。

18. 板蓝根注射液　抗病毒类药物，配合抗生素使用。

19. 长效土霉素注射液（得米先）　广谱抗菌药。

20. 其他　盐水、5％糖盐水。

(二)保健药物

1. 阿莫西林粉　为抗生素类药物，是半合成青霉素，主要用于对青霉素敏感的革兰氏阳性菌、革兰氏阴性菌的感染，对链球菌肺炎球菌、金黄色葡萄球菌、痢疾杆菌、淋球菌、流感杆菌、大肠埃希菌等有明显抗菌作用。

2. 氟苯尼考粉剂　抗菌谱和甲砜霉素基本相同，而抗菌活性明显高于甲砜霉素，对革兰氏阳性菌和革兰氏阴性菌均有强大杀灭作用，特别是对伤寒杆菌、流感杆菌、沙门氏菌作用最强，对痢疾杆菌、变形杆菌、大肠埃希菌也有明显抑制作用。主要用于治疗脑膜炎、胸膜炎、乳腺炎、幼畜副伤寒、仔猪黄痢、仔猪白痢、呼吸道感染。

3. 黄芪多糖粉剂　有多种作用，为猪场必备用药。

4. 驱虫药　用于驱虫。

5. 小苏打　碳酸氢钠能中和胃酸，溶解黏液，降低消化液的黏度，并加强胃、肠的收缩，起到健胃、抑酸和增进食欲的作用。碳酸氢钠在消化道中可分解放出二氧化碳，由此带走大量热量，有利于炎热时维持机体热平衡。饲料中添加碳酸氢钠，可提供钠源，使猪血液保持适宜的钠浓度。

6. 脱霉剂　用于去除玉米中的霉菌毒素。

（三）医疗器械

猪场常备医疗器械包括注射器、手术刀、剪刀、镊子、体温计、听诊器、耳标钳、耳标智能识读器、保温箱、冰箱、冰柜、显微镜、消毒机、消毒用酒精、碘酊、手套等。

（四）疫苗

猪场常备疫苗包括猪瘟活疫苗、口蹄疫灭活疫苗、高致病性猪繁殖与呼吸障碍综合征活疫苗、猪圆环病毒病灭活疫苗、猪细小病毒病疫苗、猪乙型脑炎疫苗、猪伪狂犬病疫苗、猪气喘病疫苗、猪丹毒三联疫苗等，其余疫苗可以在需要时从兽医站等正规渠道购入。

七、常用投药方法

1. 肌内注射　注射部位一般选择在肌肉丰满的臀部或颈部。注射时先剪毛消毒，右手持注射器，将针头垂直地刺入注射部位；刺入深度可根据猪的大小及注射部位的肌肉状况而定，一般为3cm左右。抽动注射器的活塞未发现有回血，即可注入药液。

2. 皮下注射　是将药液注射到皮肤与肌肉之间的疏松组织中，注射部位

一般选择在皮薄而容易移动，但活动较小的部位，如大腿内侧、耳根后方。注射时先将注射部位消毒，用左手拇指、食指、中指提起皮肤，形成一个三角皱褶，右手在皱褶中央将注射器针头斜向刺入皮下，与皮肤成45°角，放开左手推动注射器，注入药液。

3. 静脉注射　是将药液直接注射到血管内，使药液迅速发生效果的一种治疗技术，主要用于抢救危重病猪。注射部位一般选耳背部耳大静脉。静脉注射时先用酒精棉球涂擦耳背面耳大静脉，使静脉怒张，助手用手指强压耳基部静脉使血管鼓起；注射人员左手抓住猪耳，右手将抽好药液的玻璃注射器接上针头，以10°～15°的角度刺入血管，抽动活塞，如见回血，则表示针头在血管内；此时，助手减轻对耳根部的压力，注射人员用左手固定针头，右手拇指推动活塞缓慢注入药液；药液注射完后，注射人员左手拿酒精棉球紧压针孔处，右手迅速拔针，以免发生血肿。

4. 腹腔注射　是将药液注射到腹腔内，从而达到治疗目的。小猪常采用这种方法。注射部位，大猪在腹肋部，小猪在耻骨前缘下3～5cm中线侧方。注射方法：大猪多采用侧卧保定，用左手稍微捏起腹部皮肤，将针头朝与腹壁垂直的方向刺入，刺透腹膜后即可注射。给小猪施行腹腔注射可由饲养员将猪两后肢倒提起来，用两腿轻轻夹住猪的前躯保定，使肠管下移；注射人员面对猪的腹部，在耻骨前缘下方于腹壁垂直地刺入针头，刺透腹膜即可注射。注射时不宜过深或偏于前方，以免损伤内脏器官；也不可偏于后方，以免损伤膀胱。

5. 口腔投药法　此方法简单易行，适用于不同生长阶段的病猪，但使用剂量大或不溶于水的药物不宜采用此法投喂。投药方法：捉住病猪两耳，使其站立保定，然后用木棒或开口器撬开猪嘴；将药片、药丸或其他药剂放置于猪舌根背面，再倒入少量清水，将猪嘴闭上，即可使猪咽下药物。

6. 经鼻投药法　此法仅适于投喂可溶性药物。投药方法：使病猪站立或横卧保定，要求其鼻孔向上，嘴巴紧闭；把药物溶解于30～50 mL水中，然后利用胶皮球将药水缓慢滴入病猪鼻孔内。

7. 胃管投药法　此法适用于给病猪投喂大量药物。投药方法：将猪站立或横卧保定，使其头部固定；用开口器将猪嘴撬开，把胃管从舌面迅速通过舌根部插入食管中，当确定胃管插入位置无误时，即可注入事先溶解好的药物；灌完药后再向胃管内打入少量气体，使胃管内药物排空，最后迅速拔出胃管。

三种判断胃管是否正确插入食管的方法是：①将压瘪的胶皮球连于胃管外口，如果胶皮球仍然保持原状而不鼓起，且将胶皮球充气后向胃管打气而畅通无阻，证明胃管已进入食管或胃内；②将胃管外口浸在水中，如果随病猪呼吸胃管外口喷出气泡，证明胃管插入了气管，如果胃管外口无气泡喷出，则证明胃管插入了食管；③如果胃管插入了气管，则猪不叫或叫声低弱，如果胃管插入了食管，猪叫声不变。

8. 直肠投药法 猪采用站立或侧卧保定，并将猪尾拉向一侧；投药者一只手提举盛有药液的灌肠器或吊桶，另一只手将连接于灌肠器或吊桶上的胶管（涂布润滑油）缓慢插入直肠内；抽压灌肠器或举高吊桶，使药液自行流入直肠内。可根据猪个体的大小确定药液用量，一般每次投药200～500 mL。

9. 子宫投药法 猪采用站立保定，将猪尾拉向一侧；投药者将连接于盛有药液的塑料胶管（涂布润滑油）缓慢插入子宫内；轻挤盛有药液的塑料瓶，使药液自行流入子宫内，方法与输精方式相似。可根据猪个体的大小确定药液用量。

10. 体表涂擦法 是将药物制成洗剂或酊剂、油剂、软膏等剂型，涂擦于病猪患处的一种外治法。此种方法主要针对皮肤病。

11. 喷雾给药 可使药物吸收快，瞬间到达作用部位，药物吸收率高、药效迅速（30min见效）。因为药物直接到达肺脏等病变部位而发挥作用，可避免药物对胃肠道的不良刺激，避免肝和胃、肠道对药物的代谢降解作用。另外，由于肺泡面积大，且有丰富的毛细血管，故可使药物被迅速吸收，使药物的生物利用度接近100%。此方法主要针对呼吸道疾病。

第二节 二花脸猪主要传染病的防控

一、口蹄疫

口蹄疫是由口蹄疫病毒引起的以患病动物的口、蹄部出现水疱性病变为特征的传染性疫病。口蹄疫的特点是发病急、传播极为迅速，除通过感染动物污染的固性物传播外，还能以气溶胶的形式通过空气长距离传播。仔猪常不见症状而猝死，严重时死亡率可达100%。该病一旦发生，如不及时扑杀患病动物，疫情常迅速扩大，造成不可收拾的局面，并且很难根除。

（一）临床症状及诊断

以蹄部水疱为特征，体温升高，全身症状明显；蹄冠、蹄叉、蹄踵发红，形成水疱和溃烂，有继发感染时，蹄壳可能脱落；病猪跛行，喜卧；病猪鼻唇镜、口腔、齿龈、舌、乳房（主要是哺乳母猪）也可见到水疱和烂斑；仔猪可因肠炎和心肌炎死亡。

口蹄疫病毒具有多型性的特点，发病后必须采集水疱液和水疱皮，迅速送到指定的检验机构进行检验。

（二）防控措施

1. 免疫接种　猪进行 O 型口蹄疫强制免疫。使用 O 型口蹄疫灭活疫苗、合成肽疫苗，对新生仔猪及虽免疫但已过保护期（一般 4 个月左右）的猪进行免疫。新生仔猪一般在 28～35 日龄首次免疫，间隔 1 个月后进行一次强化免疫。

2. 免疫监测　猪免疫 28 d 后，采集血清样品进行免疫效果监测。

3. 扑杀　病畜及染毒动物全部扑杀。

二、猪瘟

猪瘟俗称"烂肠瘟"，是由黄病毒科猪瘟病毒属的猪瘟病毒引起的一种急性、发热、接触性传染病。具有高度传染性和致死性。

（一）临床症状及诊断

1. 急性型　病猪常无明显症状，突然死亡，一般出现在初发病地区和流行初期。病猪精神差，发热，体温达 40～42℃，呈现稽留热，喜卧、弓背、寒战及行走摇晃。食欲减退或废绝，喜欢饮水，有的发生呕吐。结膜发炎，流脓性分泌物，上下眼睑黏合，不能张开，流脓性鼻液。初期便秘，干硬的粪球表面附有大量白色的肠黏液，后期腹泻，粪便恶臭，带有黏液或血液；病猪的鼻端、耳后根、腹部及四肢内侧的皮肤及齿龈、唇内、肛门等处黏膜出现针尖状出血点，指压不褪色，腹股沟淋巴结肿大。公猪包皮发炎，阴鞘积尿，用手挤压时有恶臭、混浊液体射出。小猪可出现神经症状，表现磨牙、后退、转圈、强直、侧卧及游泳状，甚至昏迷等。

病理变化：全身皮肤、浆膜、黏膜和内脏器官有不同程度的出血。全身淋巴结肿胀、多汁、充血、出血、外表呈现紫黑色，切面如大理石状；肾脏色淡，皮质有针尖至小米粒状的出血点；脾脏有梗死，以边缘多见，呈色黑小紫块；喉头黏膜及扁桃体出血；膀胱黏膜有散在的出血点；胃、肠黏膜呈卡他性炎症，大肠的回盲瓣处形成纽扣状溃疡。

2. 慢性型　多由急性型转变而来，病猪体温时高时低，食欲不振，便秘与腹泻交替出现，逐渐消瘦、贫血、衰弱，被毛粗乱，行走时两后肢摇晃无力，步态不稳。有些病猪的耳尖、尾端和四肢下部皮肤呈蓝紫色或坏死、脱落。病程可长达 1 个月以上，病猪最后衰弱死亡，死亡率极高。

病理变化：主要表现为坏死性肠炎，全身性出血变化不明显；由于钙、磷代谢的扰乱，断奶病猪可见肋骨末端和软骨组织交界处因骨化障碍而形成黄色骨化线。

3. 温和型　主要发生于断奶后的仔猪及架子猪。病猪症状轻微，不典型，病情缓和，病理变化不明显，病程较长，体温稽留在 40℃ 左右，皮肤无出血点，但有瘀血和坏死，食欲时好时坏，粪便时干时稀，病猪十分瘦弱，致死率较高，耐过猪生长发育严重受阻。

猪瘟流行常表现无规律的散发。发病特征不典型，病猪表现发热、精神沉郁、食欲减退、咳嗽、共济失调、结膜炎及腹泻、围产期死亡、死胎、流产。中等毒力及强毒感染有以上症状，并且在猪群中不分年龄快速传播。结合临床症状进行实验室诊断十分必要。

（二）防控措施

1. 免疫接种　实施猪瘟全面免疫。对新生仔猪及虽免疫但已过免疫保护期的猪使用猪瘟活疫苗进行免疫。新生仔猪在 25～35 日龄时初免，60～70 日龄加强免疫 1 次。

2. 免疫监测　免疫 21 d 后，采集血清样品进行免疫效果监测。

3. 其他措施

（1）及时淘汰隐性感染带毒种猪。

（2）坚持自繁自养、全进全出的饲养管理制度。

（3）做好猪场、猪舍的隔离、卫生、消毒和杀虫工作，减少猪瘟病毒的侵入。

三、高致病性猪蓝耳病

猪蓝耳病又称猪繁殖与呼吸障碍综合征，是由猪繁殖与呼吸障碍综合征病毒引起。是以成年猪生殖障碍、早产、流产和死胎，以及仔猪呼吸异常为特征的传染病。是一种免疫抑制病，常继发其他病原感染。

（一）临床症状及诊断

病猪眼结膜潮红，精神沉郁，嗜睡，体温升高至 41～42℃，采食量下降或无食欲，呼吸困难，流鼻涕，咳嗽，眼分泌物增多；皮肤发红、耳尖发紫，尤以耳颈部、腹部、会阴部明显而严重；出现结膜炎症状，大便多干燥；母猪发生流产、死胎等。用青霉素、链霉素、氨基比林等治疗基本无效。病猪最后躺卧不起，四肢抽搐。病猪鼻孔流出白色或红褐色黏液。

实验室诊断可采集病猪的血清、肺脏、淋巴结、肾脏等组织病料，进行猪繁殖与呼吸障碍综合征病毒 PCR 检测。

（二）防控措施

1. 免疫接种　对猪进行全面免疫。新生仔猪断奶前后使用弱毒苗初免，4个月后加强免疫 1 次。种母猪 70 日龄前免疫程序同商品猪，以后每次配种前使用弱毒苗加强免疫 1 次。种公猪使用灭活苗进行免疫，断奶后初免，初免 1个月后加强免疫 1 次，以后每间隔 4～6 个月免疫 1 次。

2. 免疫监测　活疫苗免疫 28 d 后，可进行高致病性猪蓝耳病 ELISA 抗体检测。

四、猪伪狂犬病

猪伪狂犬病是由猪伪狂犬病病毒引起的猪的急性传染病。该病在猪呈暴发性流行，可引起妊娠母猪流产、死胎，公猪不育，新生仔猪大量死亡，育肥猪呼吸困难、生长停滞等。

（一）临床症状

新生仔猪感染猪伪狂犬病病毒会引起大量死亡。临床上，新生仔猪第 1 天表现正常，从第 2 天开始发病，3～5 d 内是死亡高峰期，有的整窝死亡。同时，发病仔猪表现出明显的神经症状、昏睡、呕吐、腹泻，一旦发病，1～2 d 内死亡。剖检主要是肾脏布满针尖样出血点，有时见到肺水肿，脑膜表面充血、出血。15 日龄以内的仔猪感染本病者，病情极严重，死亡率可达 100%。仔猪突然发病，体温上升至 41℃ 以上，精神极度委顿，发抖，运动不协调，痉挛，呕吐，腹泻，极少康复。断奶仔猪感染伪狂犬病病毒，发病率在 20%～40%，死亡率在 10%～20%，主要表现为神经症状、腹泻、呕吐等。成年猪一般为隐性感染，若有症状也很轻微，易于恢复，主要表现为发热、精神沉郁，有些病猪呕吐、咳嗽，一般于 4～8 d 内完全恢复。

怀孕母猪可发生流产、木乃伊或死胎，其中以死胎为主，无论是头胎母猪还是经产母猪都发病，而且没有严格的季节性，但以寒冷季节即冬末春初多发。

伪狂犬病的另一个发病表现是种猪不育症。猪场春季暴发伪狂犬病，或断奶仔猪患伪狂犬病后，当年下半年母猪配不上种，返情率高达 90%，甚至反复配种数次都以失败告终；公猪感染伪狂犬病病毒后，表现睾丸肿胀、萎缩，丧失种用能力。

（二）防控措施

1. 免疫接种　后备猪应在配种前实施至少 2 次伪狂犬病疫苗的免疫接种，2 次均可使用基因缺失弱毒苗。

（1）经产母猪应根据本场感染程度在怀孕后期（产前 20～40 d 或配种后 75～95 d）实行 1～2 次免疫。母猪免疫使用灭活苗或基因缺失弱毒苗均可，2 次免疫中至少有 1 次使用基因缺失弱毒苗。产前 20～40 d 实行 2 次免疫的妊娠母猪，第 1 次使用基因缺失弱毒苗，第 2 次使用蜂胶灭活苗较为稳妥。

（2）哺乳仔猪的免疫根据本场猪群感染情况而定。本场或周围均未发生过猪伪狂犬病疫情的猪群，可在 30 d 以后接种 1 头份灭活苗；若本场或周围发生过疫情的猪群，应在 19 日龄或 23～25 日龄接种基因缺失弱毒苗 1 头份；频繁发生猪伪狂犬病疫情的猪群应在仔猪 3 日龄用基因缺失弱毒苗滴鼻免疫。

（3）疫区或疫情严重的猪场，保育猪群和育肥猪群应在首免 3 周后加强免疫 1 次。

2. 控制传染源　消灭鼠类对预防本病有重要意义。同时，还要严格控制犬、猫、鸟类和其他禽类进入猪场，并严格控制人员来往。

五、猪圆环病毒病

猪圆环病毒是迄今发现的最小的一种动物病毒。现已知猪圆环病毒有两个血清型，即猪圆环病毒1型和猪圆环病毒2型。猪圆环病毒1型为非致病性的病毒，猪圆环病毒2型为致病性的病毒。圆环病毒对免疫器官有严重的侵害性，可导致机体免疫系统的高度抑制。猪圆环病毒引起的代表性疾病有猪断奶后多系统衰竭综合征、母猪繁殖障碍、断奶猪和育肥猪呼吸道疾病、猪皮炎肾病综合征、猪腹泻综合征及仔猪的中枢系统疾病。

由于猪圆环病毒能破坏猪的免疫系统，造成免疫抑制，引起继发性免疫缺陷，因此本病常与猪蓝耳病、猪细小病毒病、猪伪狂犬病及猪副嗜血杆菌病、气喘病、胸膜肺炎、巴氏杆菌病和链球菌病等混合感染或继发感染。

（一）临床症状

1. 断奶仔猪多系统衰竭综合征的症状　最常见的是猪渐进性消瘦或生长迟缓，其他症状有厌食、精神沉郁、行动迟缓、皮肤苍白、被毛蓬乱、呼吸困难，以及以咳嗽为特征的呼吸障碍。发病率一般很低而病死率很高。体表浅淋巴结肿大，肿胀的淋巴结有时可被触摸到，特别是腹股沟浅淋巴结；贫血和可视黏膜黄疸。在一头猪可能见不到上述所有临床症状，但在发病猪群可见到所有的症状。绝大多数猪圆环病毒2型是亚临床感染。一般临床症状可能与继发感染有关，或者完全是由继发感染所引起。在通风不良、过度拥挤、空气污浊、混养及感染其他病原时，病情明显加重，一般病死率为10%～30%。

2. 先天性颤抖的症状　颤抖由轻微到严重不等，一窝猪中感染的猪数变化较大。严重颤抖的病仔猪常在出生后1周内因不能吮乳而饿死。耐过1周的乳猪能存活，3周龄时康复。颤抖是两侧性的，乳猪躺卧或睡眠时颤抖停止。外部刺激如突然的声响或寒冷等能引发或增强病猪颤抖。有些猪一直不能康复，整个生长期和育肥期持续颤抖。

（二）防控措施

1. 免疫接种　猪圆环病毒2型灭活疫苗免疫有着严格的免疫程序。仔猪3～4周龄首免，间隔3周加强免疫1次，剂量为1 mL；后备母猪配种前做基础免疫 2 次，间隔 3 周，产前 1 个月加强免疫 1 次，剂量为 2 mL；经产母猪跟胎免疫，产前 1 个月接种 1 次，剂量为 2 mL；公猪和其他成年猪实施普免，每半年免疫 1 次，剂量为 2 mL。

2. 其他措施　采用抗菌药物，减少并发感染。

六、仔猪黄痢和仔猪白痢

一般情况下，仔猪黄痢发生在仔猪出生后 3～10 d，而仔猪白痢发生在仔猪出生 10 d 后。仔猪黄痢和仔猪白痢都是由致病性大肠埃希菌引起的新生仔猪的一种急性传染病。

（一）临床症状

1. 仔猪黄痢　病猪排水样稀粪，粪便呈黄色或灰黄色，内含凝乳小片和小气泡。病猪口渴，吃乳减少。病猪脱水、消瘦、昏迷、衰竭。

2. 仔猪白痢　仔猪突然腹泻，同窝相继发生，排乳白色、灰白色或淡黄白色、腥臭、糊状或浆状粪便。仔猪精神不振，畏寒，脱水，吃奶减少或不吃，有时见有吐奶。一般病猪的病情较轻，及时治疗能痊愈，但多因反复发作而形成僵猪。严重时，患猪粪便失禁，1 周左右死亡。

（二）防控措施

1. 免疫接种　对妊娠母猪在产前 30 d 和 15 d 接种，疫苗选择大肠埃希菌基因工程苗。大肠埃希菌 K88、K99 和 987P 三价灭活菌苗或大肠埃希菌 K88、K99 二价基因工程灭活苗，以通过母乳使仔猪获得保护。

2. 其他措施

（1）做好母猪产前、产后管理；加强新生仔猪的护理。

（2）采取抗菌、止泻，中药解除湿热内因、提高免疫力、使肠道内环境正常等综合措施。

七、猪丹毒

猪丹毒是由红斑丹毒丝菌（俗称猪丹毒杆菌）引起的一种急性热性传染病，其主要特征为高热、急性败血症、皮肤疹块（亚急性）、慢性疣状心内膜炎及皮肤坏死与多发性非化脓性关节炎（慢性）。

（一）临床症状

1. **急性型**　此型常见，以突然暴发、急性经过和高死亡率为特征。病猪精神不振、高热不退；不食、呕吐；结膜充血；粪便干硬，附有黏液。小猪后期下痢。病猪耳、颈、背部皮肤潮红、发紫。临死前腋下、股内、腹内有不规则鲜红色斑块，指压褪色后融合在一起。常于3～4 d内死亡。病死率80%左右，不死者转为亚急性型或慢性型。

哺乳仔猪和刚断乳的小猪发生猪丹毒时，一般突然发病，表现神经症状，抽搐，倒地而死，病程多不超过1 d。

2. **亚急性型**（疹块型）　前一两天在病猪身体的不同部位，尤其胸侧、背部、颈部至全身出现界限明显、圆形或四边形、有热感的疹块，俗称"打火印"，指压褪色。疹块突出皮肤2～3mm，大小为1cm至数厘米，数量从几个到几十个，干枯后形成棕色痂皮。病猪口渴、便秘、呕吐、体温高。疹块发生后，体温开始下降，病势减轻，经数日以至旬余，病猪自行康复。也有不少病猪在发病过程中因症状恶化而死亡。病程为1～2周。

3. **慢性型**　由急性型或亚急性型转变而来，也有原发性病症，常见的有慢性关节炎型、慢性心内膜炎型和皮肤坏死型等。

（1）**慢性关节炎型**　主要表现为四肢关节（腕关节、跗关节、膝关节、髋关节最为常见）的炎性肿胀，病猪腿僵硬、疼痛。以后急性症状消失，而以关节变形为主，呈现一肢或两肢的跛行或卧地不起。病猪食欲正常，但生长缓慢，体质虚弱，消瘦。病程数周或数月。

（2）**慢性心内膜炎型**　主要表现消瘦，贫血，全身衰弱，喜卧，厌走动，强使行走则举止缓慢，全身摇晃。听诊心脏有杂音，心搏加速、亢进，心律不齐，呼吸急促，贫血。此种病猪不能治愈，通常因心脏停搏而突然倒地死亡。病猪表现溃疡性或菜花样疣状赘生性心内膜炎。病程数周至数月。

（3）**皮肤坏死型**　病猪表现皮肤坏死，常发生于背、肩、耳、蹄和尾等部位。局部皮肤肿胀、隆起、坏死、色黑、干硬、似皮革；逐渐与其下层新生组织分离，犹如一层甲壳。坏死区有时范围很大，可以占整个背部皮肤；有时可在部分耳壳、尾巴、末梢、各蹄壳发生坏死。经2～3个月坏死皮肤脱落，遗留一片无毛、色淡的疤痕而痊愈。如有继发感染，则病情复杂，病程延长。

（二）防控措施

1. 免疫接种　种公猪、种母猪每年春、秋进行 2 次猪丹毒氢氧化铝甲醛苗免疫。育肥猪 60 日龄时进行一次猪丹毒氢氧化铝甲醛苗或猪瘟、猪丹毒、猪多杀性巴氏杆菌三联苗免疫。

2. 药物治疗　将个别发病猪隔离，同群猪拌料用药。在发病后 24～36h 内治疗，疗效理想。首选药物为青霉素类（阿莫西林）、头孢类（头孢噻呋钠）。对该细菌应一次性给予足够药量，以迅速达到有效血药浓度。

八、猪肺疫

猪肺疫是由多种杀伤性巴氏杆菌引起的一种急性传染病（猪巴氏杆菌病），俗称"锁喉风""肿脖瘟"。急性或慢性经过，急性呈败血症变化，病猪咽喉部肿胀，高度呼吸困难。

（一）临床症状

1. 最急性型　病猪未出现任何症状，突然发病，迅速死亡。病程稍长者表现体温升高到 41～42℃，食欲废绝，呼吸困难，心搏急速，可视黏膜发绀，皮肤出现紫红斑。咽喉部和颈部发热、红肿、坚硬，严重者延至耳根、胸前。病猪呼吸极度困难，常呈犬坐姿势，伸长头颈，有时发出喘鸣声，口鼻流出白色泡沫，有时带有血色。一旦出现严重的呼吸困难，病情往往迅速恶化，很快死亡。死亡率常高达 100%，自然康复者少见。

2. 急性型　本型最常见。病猪体温升高至 40～41℃，初期为痉挛性干咳，呼吸困难，口鼻流出白沫，有时混有血液，后变为湿咳。随病程发展，病猪呼吸更加困难，常作犬坐姿势，胸部触诊有痛感。病猪精神不振，食欲不振或废绝，皮肤出现红斑，后期衰弱无力，卧地不起，多因窒息死亡。病程 5～8 d，不死者转为慢性。

3. 慢性型　病猪主要表现为肺炎和慢性胃肠炎。时有持续性咳嗽和呼吸困难，有少许液性或脓性鼻液。病猪关节肿胀，常有腹泻，食欲不振，营养不良，有痂样湿疹，发育停止，极度消瘦。病程 2 周以上，多数病猪死亡。

（二）防控措施

每年春、秋两季定期用猪肺疫氢氧化铝甲醛苗或猪肺疫口服弱毒菌苗进行2次免疫接种。也可选用猪丹毒、猪肺疫氢氧化铝二联苗，猪瘟、猪丹毒、猪肺疫弱毒三联苗。接种疫苗前几天和接种后7 d内，禁用抗菌药物。

九、猪链球菌病

猪链球菌病是由多种致病性猪链球菌感染引起的一种人兽共患病。急性型常表现出血性败血症和脑炎；慢性型以关节炎、内膜炎、淋巴结化脓、组织化脓等为特征。

（一）临床症状

1. 急性败血型　发病急、传播快。病猪突然发病，体温升高至41～43℃，精神沉郁、嗜睡、食欲废绝，流鼻液，咳嗽，眼结膜潮红、流泪，呼吸加快。多数病猪常突然死亡。少数病猪在疾病后期，于耳尖、四肢下端、背部和腹下皮肤出现广泛性充血、潮红。

2. 脑膜炎型　多见于70～90日龄的小猪，病初体温达40～42.5℃，不食、便秘，继而出现神经症状，如磨牙、转圈、前肢爬行、四肢游泳状或昏睡等；有的病猪后期出现呼吸困难，如治疗不及时往往死亡率很高。

3. 关节炎型　由前两型转变而来，或者从发病起即呈现关节炎症状。病猪表现一肢或几肢关节肿胀、疼痛，有跛行，甚至不能起立。病程2～3周。病猪死后剖检，见关节周围肿胀、充血，滑液混浊，严重者关节软骨坏死，关节周围组织有多发性化脓灶。

4. 淋巴结脓肿型　多见于下颌淋巴结，其次是咽部和颈部淋巴。受侵害淋巴结肿胀、坚硬，有热痛，可影响采食、咀嚼、吞咽和呼吸，伴有咳嗽，流鼻液。肿胀至化脓成熟，中央变软，皮肤坏死，自行破溃流脓，以后全身症状好转，逐渐痊愈。病程一般为3～5周。

（二）防控措施

1. 免疫接种　由于猪链球菌血清型较多，不同菌苗对不同血清型猪链球菌感染无交叉保护力或保护力较小。预防用疫苗要选择相同血清型菌苗，最好用弱毒活菌苗。

2. 药物治疗　青霉素、阿莫西林、氨苄西林对猪链球菌敏感。对急性败血型及脑膜炎型，应早期大剂量使用抗生素或磺胺类药物。青霉素和地塞米松，或庆大霉素和青霉素等联合应用都有良好效果。

3. 人员防护　猪链球菌病感染人主要通过接触病死猪。生猪饲养人员和屠宰加工人员是本病易感人群。在生猪养殖过程中，饲养人员要注意个人防护，有外伤时应尽量避免接触病猪，发现病猪要及时通知兽医诊疗；屠宰加工人员在屠宰生猪时，应防止个人受伤。一旦受伤应立即处理伤口，经清洗消毒后，使用抗生素预防治疗。

十、水肿病

水肿病又称大肠埃希菌毒血症、浮肿病、胃水肿。是小猪的一种急性、致死性的疾病，其特征为胃壁和其他某些部位发生水肿。

（一）临床症状

病猪突然发病，精神沉郁，食欲减少，口流白沫，体温无明显变化，病前 1～2 d 有轻度腹泻，之后便秘。心搏疾速，呼吸初快而浅，后来慢而深。喜卧地，肌肉震颤，不时抽搐，四肢作游泳状，呻吟，站立时拱腰，发抖。前肢如发生麻痹则站立不稳，后肢麻痹则不能站立。行走时四肢无力，共济失调，步态摇摆不稳，盲目前进或做圆圈运动。水肿是本病的特殊症状，常见于病猪脸部、眼睑、结膜、齿龈、颈部、腹部的皮下；有的病猪没有水肿的变化。病程短的仅数小时，一般为 1～2 d，也有长达 7 d 以上的。病死率为 90%。

（二）防控措施

目前对本病尚无特效疗法。预防本病关键在于改善饲养管理，饲料营养要全面，蛋白质水平不能过高。药物治疗早期效果好，后期一般无效。

1. 免疫接种　仔猪断奶前 7～10 d 用猪水肿多价浓缩灭活菌苗肌内注射 1～2 mL，可预防本病发生。在母猪临产前 40 d 和 15 d，分别肌内注射仔猪大肠埃希菌 K88、K99、987P 三价灭活苗，每次每头 2 mL，以增强母猪血清和初乳中大肠埃希菌的抗体。

2. 早期药物治疗　群体治疗用阿莫西林或痢菌净、喹诺酮类抗生素加上大黄苏打、电解多维拌料进行饲喂 2～3 d；同时对个体病猪用稍大剂量的肾上腺糖皮质激素类药如地塞米松（6～10 mg）加庆大霉素进行肌内注射，每天 2 次，之后改为单纯的常量地塞米松（2～4 mg）肌内注射 1～2 d。

十一、猪气喘病

猪气喘病又称猪支原体肺炎，是由支原体科猪肺炎支原体引起的猪的一种接触性、慢性、消耗性呼吸道传染病。

（一）临床症状

病变主要发生于胸腔内，肺脏是病变的主要器官。急性病例以肺水肿和肺气肿为主；亚急性和慢性病例见肺部"虾肉"样实变。发病猪的生长速度缓慢，饲料利用率低，育肥饲养期延长。

（二）防控措施

1. 免疫接种　疫苗一定要注入胸腔内，肌内注射无效；注射疫苗前 15 d 及注射疫苗后 2 个月内不饲喂或注射对疫苗有抑制作用的药物。

2. 药物治疗　每天 2 次肌内注射恩诺沙星，用量为 2.5 mg/kg（按体重计）；也可以用泰乐菌素按 4～9 mL/kg（按体重计）进行肌内注射，每天 1 次，3 d 为 1 个疗程；林可霉素对治疗猪气喘病有特效，按照 50 mg/kg（按体重计）给药，一个疗程 5 d，疗效较好。

十二、猪附红细胞体病

附红细胞体病是由附红细胞体感染机体而引起的人兽共患传染病。按其主要特征应属于血液病。

（一）流行病学

附红细胞体对宿主的选择并不严格，且感染率比较高。

猪附红细胞体病可发生于各年龄猪，但以仔猪和长势好的架子猪死亡率较高，母猪的感染也比较严重。患病猪及隐性感染猪是重要的传染源。

（二）临床症状

猪附红细胞体病因个体体况的不同，临床症状差别很大。主要引起仔猪体质变差，贫血，肠道及呼吸道感染增加；育肥猪日增重下降，急性溶血性贫血；母猪生产性能下降等。

（三）病理变化

病猪主要病理变化为贫血及黄疸。皮肤及黏膜苍白，血液稀薄、色淡、不易凝固，全身性黄疸，皮下组织水肿，多数有胸水和腹水。心包积水，心外膜有出血点，心肌松弛，色熟肉样，质地脆弱。肝脏肿大、变性，呈黄棕色，表面有黄色条纹状或灰白色坏死灶。胆囊膨胀，内部充满浓稠明胶样胆汁。脾脏肿大变软，呈暗黑色，有的脾脏有针头大至米粒大灰白（黄）色坏死结节。肾脏肿大，有微细出血点或黄色斑点，有时淋巴结水肿。

（四）鉴别诊断

1. 血液镜检　取高热期的病猪血一滴涂片，生理盐水 10 倍稀释，混匀，加盖玻片，放在 400～600 倍显微镜下观察，发现红细胞表面及血浆中有游动的各种形态的虫体，附着在红细胞表面的虫体大部分围成一个圆，呈链状排列。红细胞呈星形或不规则的多边形。

2. 血片染色　血液涂片用姬姆萨染色，放在油镜暗视野下检查发现多数红细胞边缘整齐，变形，表面及血浆中有多种形态的染成粉红色或紫红色的折光度强的虫体。

3. 血清学检查　诊断方法包括间接血凝试验（IHA）、补体结合试验（CFT）或 ELISA 方法，血清学诊断方法只适用于群体检查。此外，可辅以生物学诊断，PCR 方法等进一步进行诊断鉴定。

（五）防控措施

加强饲养管理，保持猪舍、饲养用具卫生，减少不良应激等是防止本病发生的关键。夏、秋季节要经常喷洒杀虫药物，防止昆虫叮咬猪群，切断传染源。在实施诸如预防注射、断尾、打耳号、阉割等饲养管理程序时，均应更换器械、严格消毒。购入猪只应进行血液检查，防止引入病猪或隐性感染猪。本

病流行季节给予预防用药，可在饲料中添加土霉素、金霉素等添加剂。治疗可用血虫净（三氮脒、贝尼尔）、咪唑苯脲、四环素、土霉素、金霉素、新砷凡纳明等药物。

第三节　二花脸猪主要寄生虫病的防控

一、猪蛔虫病

猪蛔虫是寄生于猪小肠中最大的一种线虫。

（一）流行病学

猪蛔虫病流行很广，一般在饲料管理较差的猪场均有发生；尤以3～5月龄的仔猪最易大量感染猪蛔虫，常严重影响仔猪的生长发育，甚至发生死亡。猪蛔虫卵在外界环境中长期存活，大大增加了感染性幼虫在自然界的积累；虫卵还具有黏性，容易借助粪甲虫、鞋靴等传播。

（二）临床症状

猪蛔虫幼虫移行至肝脏时，引起肝组织出血、变性和坏死，形成云雾状的蛔虫斑，直径约1cm。移行至肺时，引起蛔虫性肺炎。临诊表现为咳嗽、呼吸增快、体温升高、食欲减退和精神沉郁。病猪伏卧在地，不愿走动。幼虫移行时还引起嗜酸性粒细胞增多，出现荨麻疹和某些神经症状类的反应。

（三）病理变化

初期有肺炎症状，肺组织致密，表面有大量出血斑点。用幼虫分离法处理肝、肺和支气管等器官常可发现大量幼虫。在小肠内可检出数量不定的蛔虫。蛔虫寄生少时，肠道没有可见的病变；多时，可见卡他性炎症、出血或溃疡。肠破裂时，可见有腹膜炎和腹腔内出血。因胆道蛔虫症而死亡的病猪，可发现蛔虫钻入胆道，致胆管阻塞。病程较长的，有化脓性胆管炎或胆管破裂，以及肝脏黄染和变硬等病变。

（四）鉴别诊断

对2个月以上的仔猪，可用饱和盐水漂浮法检查虫卵。正常的受精卵为短椭圆形，黄褐色，卵壳内有一个受精的卵细胞，两端有半月形空隙，卵壳表面有起伏不平的蛋白质膜，通常比较整齐。有时粪便中可见到未受精卵，偏长，蛋白质膜常不整齐，卵壳内充满颗粒，两端无空隙。

（五）防治措施

1. 治疗　可使用甲苯咪唑、氟苯咪唑、左旋咪唑、噻嘧啶、阿苯达唑、阿维菌素、伊维菌素、多拉菌素等药物驱虫，均有很好的治疗效果。

2. 预防

（1）定期驱虫　在规模化猪场，首先要对全群猪驱虫；以后公猪每年驱虫2次；母猪产前1～2周驱虫1次；仔猪转入新圈时驱虫1次；新引进的猪需驱虫后再和其他猪并群；产房和猪舍在进猪前应彻底清洗和消毒；母猪转入产房前要用肥皂清洗全身。

在散养的育肥猪场，对断奶仔猪进行第1次驱虫，4～6周后再驱虫1次。对于散养的猪群，建议在3月龄和5月龄各驱虫1次。驱虫时应首选阿维菌素类药物。

（2）保持卫生　保持猪舍、饲料和饮水的清洁卫生。

（3）杀灭虫卵　猪粪和垫草应在固定地点堆集发酵，利用发酵的温度杀灭虫卵。已有报道猪蛔虫幼虫可引起人的内脏幼虫移行症，因此杀灭虫卵对公共卫生也具有重要意义。

二、猪旋毛虫病

猪旋毛虫病是由旋毛虫成虫寄生于猪的小肠，幼虫寄生于横纹肌而引起的人兽共患病。

（一）流行病学

旋毛虫幼虫的寿命很长，在猪体中经11年还保持有感染力。猪感染旋毛虫主要是由于吃了未经煮熟的含有旋毛虫的泔水、废弃肉渣及下脚料。此病主要见于散养的猪。

（二）临床症状

病猪轻微感染多不显症状而带虫，或出现轻微肠炎。严重感染时，病猪体

温升高，下痢，便血；有时呕吐，食欲不振，迅速消瘦，半个月左右死亡，或者转为慢性。感染后，由于幼虫进入病猪肌肉而引起肌肉急性发炎、疼痛和发热，有时吞咽、咀嚼、行动困难和眼睑水肿，1个月后症状消失，耐过猪成为长期带虫者。

（三）病理变化

幼虫侵入肌肉时，肌肉急性发炎，表现为心肌细胞变性，组织充血和出血。后期，采取肌肉做活组织检查或死后肌肉检查发现肌肉表现为苍白色，切面上有针尖大小的白色结节，显微镜检查可以发现虫体包囊，包囊内有弯曲成折刀形的幼虫，外围有结缔组织形成的包囊。成虫侵入小肠上皮时，引起肠黏膜发炎，表现黏膜肥厚、水肿，炎性细胞浸润，渗出增加，肠腔内容物充满黏液，黏膜有出血斑，偶见溃疡出现。

（四）鉴别诊断

怀疑有该病发生时，只能通过实验室检查病猪肌肉中的虫体而诊断。剪一小块舌肌，压片，在显微镜下观察，寄生于横纹肌中的包囊外有两层结构，幼虫虫体如折刀状卷曲于包囊中，包囊的宽度大约 0.3 mm，长度大约 0.4 mm，眼观为白色针尖状。还可应用血清学检查，采用酶联免疫吸附试验、间接血凝抑制试验、皮内试验和沉淀试验等，检验血清中旋毛虫特异性抗体是否增加，如有增加，则可判定为该病。

（五）防治措施

1. 治疗　该病尚无特效疗法。可试用阿笨达唑、噻苯咪唑或甲苯咪唑治疗，每天每千克体重 25～40 mg，分 2～3 次口服，5～7 d 为 1 个疗程，能驱杀成虫和肌肉中幼虫。

2. 预防　养猪者禁止用洗肉水喂猪，以预防该病发生；为了人身安全，养猪者应该定期检查、驱虫，并注意个人卫生；卫生检疫部门应加强检疫，一旦发现病猪、病猪肉，严格按照食品卫生检疫法规和动物卫生检疫法规进行处理；猪场应消灭老鼠，防止猪吞食死亡的老鼠等动物尸体，以减少感染和传播的机会。

三、猪囊虫病

猪囊虫病是由有钩绦虫（猪带绦虫）的幼虫——猪囊虫（猪囊尾蚴）引起的一种寄生虫病，又称猪囊尾蚴病。成虫寄生于人的小肠，幼虫寄生在猪的肌肉组织，有时也寄生于猪的实质器官和脑中。患囊虫病猪的肉俗称为"米猪肉"。特别值得重视的是，幼虫也能寄生在人的肌肉组织和脑中，从而引起严重的疾病。

（一）流行病学

猪囊虫病是猪与人之间循环感染的一种人兽共患病。人有钩绦虫病的感染源为猪囊虫，猪囊虫病的感染源是人体内寄生有钩绦虫排出的孕卵节片和虫卵。感染猪有钩绦虫的患者每天向外界排出孕卵节片和虫卵，且可持续排出数年甚至 20 余年，这样，猪就长期处于被感染的威胁之中。

猪囊虫病的发生与流行与人的粪便管理和猪的饲养方式密切相关，一般本病发生于经济不发达的地区，在这些地区猪接触人粪的机会增多，造成流行。此外，有些地区有吃生猪肉的习惯，或烹调时间过短，蒸煮时间不够等，也能造成人感染猪有钩绦虫。

（二）临床症状

（1）患猪多呈现慢性消耗性疾病的一般症状，常表现为营养不良，生长发育受阻，被毛长而粗乱，贫血，可视黏膜苍白，且呈现轻度水肿。

（2）患猪腮部肌肉发达，前膀宽，胸部肌肉发达，而后躯较狭窄，即呈现雄狮状，前后观察患猪表现明显的不对称。

（3）患猪睡觉时，其咬肌和肩胛肌皮肤常表现有节奏性的颤动，患猪熟睡后常打呼噜，且以深夜或清晨表现得最为明显。

（4）外观患猪的舌底、舌的边缘和舌的系带部有突出的白色囊泡，手摸猪的舌底和舌的系带部可感觉到游离性的米粒大小的硬结。

（5）患猪眼球外凸、饱满，用手指挤压猪的眼眶窝皮肤可感觉到眼结膜深处有似米粒大小的游离的硬结；翻开猪的眼睑可见眼结膜充血，并有分布不均的米粒状白色透明的隆起物。

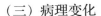

（三）病理变化

屠宰后，在猪的肌肉（如咬肌、舌肌、膈肌、肋间肌、心肌及颈、肩、腹部肌肉）中观察到白色半透明如黄豆大小的囊泡，囊泡中有小米粒大小的白点。

（四）鉴别诊断

生前诊断比较困难，可以检查病猪眼睑和舌部，查看有无因猪囊虫引起的豆状肿胀。触摸到舌根和舌的腹面有稍硬的豆状疙瘩时，可作为生前诊断的依据。

宰后检验咬肌、腰肌等骨骼肌及心肌，检查是否有乳白色、米粒样椭圆形或圆形的猪囊虫。钙化后的囊虫，包囊中呈现有大小不一的黄色颗粒。现行的肉眼检查法，该病检出率仅有 $50\%\sim60\%$，轻度感染时常发生漏检。

近年来，血清免疫学诊断方法也已被应用于猪囊虫病的诊断。

（五）防治措施

1. 治疗　可用阿苯达唑或吡喹酮杀灭猪囊尾蚴。

2. 预防

（1）彻底消灭连茅圈，防止猪吃人粪而感染猪囊虫病。

（2）加强肉品卫生检验。大力推广定点屠宰，集中检疫。根据国家规定，在平均每 $40cm^2$ 的肌肉断面上，有猪囊虫 3 个以上者，不准食用；3 个以下者，煮熟或做成腌肉、肉松等出售。

四、猪球虫病

猪球虫病是一种由艾美耳属和等孢属球虫引起的仔猪消化道疾病。病猪表现腹泻、消瘦及发育受阻。成年猪多为带虫者。

（一）流行病学

猪等孢球虫常见于仔猪，但成年猪常发生混合球虫感染。虫体以未孢子化卵囊传播，但必须经过孢子化的发育过程，才具有感染力。球虫病通常影响仔猪，成年猪是带虫者。猪场的卫生措施有助于控制球虫病。及时清除粪便能有效地控制球虫病的发生。

（二）临床症状

虽然该病也见于 3 日龄的乳猪，但一般发生在 7～21 日龄的仔猪。主要临诊症状是病猪腹泻，持续 4～6 d，粪便呈水样或糊状，显黄色至白色，偶尔由于潜血而呈棕色。有的病例腹泻是受自身限制的，其主要临诊表现为消瘦及发育受阻。

（三）病理变化

尸体剖检所观察到的特征是急性肠炎，局限于空肠和回肠，炎症反应较轻，仅黏膜出现浊样颗粒化，有的可见整个黏膜严重坏死性肠炎。眼观特征是黄色纤维素坏死性假膜松弛地附着在充血的黏膜上。乳糜的吸收随病情的严重性而变化。显微镜下检查发现空肠和回肠的绒毛变短，约为正常长度的一半，其顶部可能有溃疡与坏死。

（四）鉴别诊断

确定性诊断必须从待检猪的空肠与回肠检查出球虫内发育阶段的虫体。各种类型的虫体可以通过组织病理学检查，或通过空肠和回肠压片或涂片染色检查而发现，后一种方法是一种快速而又实用的方法。用于血液涂片检查的任何一种染色方法均能将新月形的裂殖子染成紫蓝色。

（五）防治措施

1. 治疗　可用磺胺药或氨丙啉进行尝试治疗。在有本病流行的猪场，可在产前和产后 15 d 内的母猪饲料中拌加抗球虫药物，如癸喹酸酯或氨丙啉，以预防仔猪感染。

2. 预防　最佳的预防办法是做好环境卫生：做好产房的清洁，产仔前母猪的粪便必须清除，产房应用漂白粉（浓度至少为 50％）或氨水消毒数小时以上或熏蒸。消毒时猪圈应是空的。应限制饲养人员进入产房，以防止由鞋或衣服带入卵囊；也应严防宠物进入产房，因其爪子可携带卵囊而导致卵囊在产房中散布。灭鼠，以防鼠类机械性传播卵囊。每次分娩后应对猪圈再次消毒，以防新生仔猪感染球虫病。

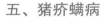

五、猪疥螨病

猪疥螨病俗称癞、疥癣，是一种接触传染的寄生虫病。是由猪疥螨虫寄生在皮肤内而引起的猪最常见的寄生虫性皮肤病，对猪的危害极大。该病为慢性传染病。

（一）流行病学

各种年龄、品种的猪均可感染该病。主要是由于病猪与健康猪的直接接触，或通过被螨及其卵污染的圈舍、垫草和饲养管理用具间接接触等而引起感染。幼猪有成堆躺卧的习惯，这是造成该病迅速传播的重要原因。此外，猪舍阴暗、潮湿、环境不卫生及猪营养不良等均可促进本病的发生和发展。秋、冬季节，特别是阴雨天气，该病蔓延最快。

（二）临床症状

幼猪多发。病初从眼周、颊部和耳根开始，以后蔓延到背部、体侧和股内侧。主要临床表现为剧烈瘙痒，不安，消瘦，病猪到处摩擦或以肢蹄搔擦患部，甚至将患部擦破出血，以致患部脱毛、结痂，皮肤肥厚，形成皱褶和皲裂，导致猪发育不良。

（三）病理变化

主要病变为皮肤局部或全身出现丘疹、水疱、脓疱、结痂，皮肤粗糙、肥厚或形成皱褶，甚至枯裂。

（四）鉴别诊断

在患部与健康部交界处采集病料，选择患病皮肤与健康皮肤交界处，刀刃与皮肤表面垂直刮取皮屑、痂皮，直到稍微出血。症状不明显时，可检查猪耳内侧皮肤刮取物中有无虫体。将病料装入试管内，加入10%氢氧化钠（或氢氧化钾）溶液，煮沸，待毛、痂皮等固体物大部分被溶解后，静置20min，由管底吸取沉渣，滴在载玻片上，用低倍显微镜检查，有时能发现疥螨的幼虫、若虫和虫卵。疥螨幼虫为3对肢，若虫为4对肢。疥螨卵呈椭圆形，黄色，较大（155μm×84μm），卵壳很薄，初产卵未完全发育，后期卵透过卵壳可见到已发育的幼虫。由于患猪常啃咬患部，有时在用水洗沉淀法做粪便检查时，可发现疥螨虫卵。

（五）防治措施

治疗可用 0.05％双甲脒溶液、0.005％倍特溶液，或 0.5％螨净乳剂涂擦患部。预防应加强卫生措施，建立检疫制度，发现病猪及时隔离并加以治疗。圈舍可用 2％～3％氢氧化钠溶液进行消毒。购买猪只要仔细检查，确认无病后混入健康群。最有效的方法是定期对全群猪用阿维菌素等药物进行驱虫。

六、猪弓形虫病

猪弓形虫病是由刚第弓形虫引起的一种原虫病，旧称弓形体病，是一种人兽共患病。

（一）流行病学

人及猫、猪、鸡等多种动物均能感染，其中猫是终末宿主，在其小肠上皮细胞上形成卵囊，随粪便排出，人、猪等中间宿主吞食后，在肠道中卵囊里的子孢子逸出，侵入血液，随血流分布全身，在各种细胞内进行繁殖，急性期形成滋养体，慢性期则在脑、眼和心肌中形成包囊。中间宿主除因吞食卵囊外，亦可因吃到另一动物的肉或乳中的滋养体而感染。猪弓形体病暴发时，发病率高，病死率可高达 60％以上。本病以 3～4 月龄的猪最易发病。

（二）临床症状

本病发病率可高达 60％以上，病死率可高达 64％。体重 10～50 kg 的仔猪发病尤为严重。多呈急性经过。病猪突然废食，体温升高至 41℃以上，稽留 7～10 d。呼吸急促，呈腹式或犬坐式呼吸；流清鼻涕；眼内出现浆液性或脓性分泌物。常出现便秘，呈粒状粪便，外附黏液，有的患猪在发病后期腹泻，尿呈橘黄色。少数发生呕吐。患猪精神沉郁，显著衰弱。发病后数日出现神经症状，后肢麻痹。随着病情的发展，在耳翼、鼻端、下肢、股内侧、下腹等处出现紫红斑或间有小点出血。有的病猪在耳壳上形成痂皮，耳尖发生干性坏死。最后因呼吸极度困难和体温急剧下降而死亡。孕猪常发生流产或死胎。

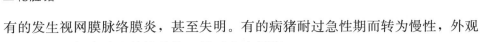

有的发生视网膜脉络膜炎，甚至失明。有的病猪耐过急性期而转为慢性，外观症状消失，仅食欲和精神稍差，最后变为僵猪。

（三）病理变化

急性病例出现全身性病变，淋巴结、肝、肺和心脏等器官肿大，并有许多出血点和坏死灶。肠道重度充血，肠黏膜上常可见到扁豆大小的坏死灶。肠腔和腹腔内有多量渗出液。病理组织学变化为网状内皮细胞和血管结缔组织细胞坏死，有时有肿胀细胞的浸润；弓形虫的速殖子位于细胞内或细胞外。急性病变主要见于仔猪。慢性病例可见有各脏器的水肿，并有散在的坏死灶；病理组织学变化为明显的网状内皮细胞的增生，淋巴结、肾、肝和中枢神经系统等处更为显著，但不易见到虫体。慢性病变常见于年龄大的猪只。隐性感染的病理变化主要是在中枢神经系统（特别是脑组织）内见有包囊，有时可见有神经胶质增生性和肉芽肿性脑炎。

（四）鉴别诊断

可取病猪的肝、脾、肺和淋巴结等做成抹片，用吉氏液染色或瑞氏液染色，于油镜下可见月牙形或梭形的虫体，核为红色，细胞质为蓝色，即为弓形虫。

（五）防治措施

防治本病多用磺胺类药物，禁止猫接近猪舍，饲养人员也应避免与猫接触。不给猪喂食生的碎肉。

七、猪姜片吸虫病

姜片吸虫病是我国南部和中部常见的一种人兽共患的吸虫病。本病对人和猪的健康有明显损害，可以引起贫血、腹痛、腹泻等症状，甚至引起死亡。

（一）流行病学

寄生于人和猪的小肠内，以十二指肠为最多。姜片吸虫在小肠内产出虫卵，随粪便排出体外，落入水中孵出毛蚴，毛蚴钻入中间宿主——扁卷螺体内发育繁殖，经过胞蚴、母雷蚴、子雷蚴各个阶段，最后形成大量尾蚴由螺体逸出，尾蚴附着在水生植物（水浮莲、水葫芦、茭白、菱角、荸荠等）上，脱去尾部，分泌黏液并形成囊壁，尾蚴在其内形成灰白色、针尖大小的囊蚴。猪采食附着囊蚴的水生植物而感染。

（二）临床症状

病猪精神沉郁，低头弓背，消瘦，贫血，水肿（眼部、腹部较明显），食欲减退，腹泻，粪便带有黏液。幼猪发育受阻，增重缓慢。母猪感染后泌乳量降低。

（三）病理变化

姜片吸虫吸附在猪十二指肠及空肠上段黏膜上，肠黏膜有炎症、水肿、点状出血及溃疡。大量寄生时可引起肠管阻塞。

（四）鉴别诊断

常采用水洗沉淀法或直接涂片法检查虫卵。姜片吸虫卵淡黄色，卵圆形，两端钝圆。长 $130\sim145\mu m$，宽 $85\sim97\mu m$。卵壳较薄，卵盖不甚明显，卵黄细胞分布均匀，卵胚细胞 1 个，常靠近卵盖的一端。

（五）防治措施

加强饲养管理，在本病流行地区，水生植物饲料应改为熟喂。粪便堆积发酵以消灭虫卵。用千分之一的氢氧化钠或硫酸铵，或二十万分之一的硫酸铜杀灭扁卷螺。在流行地区应对猪群每年定期进行 2 次驱虫，平时加强检查，发现病例及时驱虫治疗。驱虫药可用敌百虫、吡喹酮等。

八、猪肺丝虫病

猪肺丝虫病是由后圆线虫寄生在猪的支气管和细支气管里的一种蠕虫病。对猪危害较大，常引起支气管炎，甚至肺炎，且易并发猪肺疫、猪气喘病等肺部传染病。

（一）流行病学

猪肺丝虫病主要是由于猪吞食了土壤中的感染性幼虫，或带有感染性幼虫

的蚯蚓所致。在温暖、多雨季节多发，特别在土壤肥沃、粪堆污秽不堪之处，蚯蚓滋生繁殖最适宜，此为传播猪肺丝虫病的有利条件，往往造成该病的地方性流行。

（二）临床症状

猪轻度感染时症状不明显，但影响其生长发育，严重感染时，有强力的阵咳，呼吸困难。听诊病猪肺部有啰音，体温间或升高，贫血，食欲差或绝食，即使病愈，生长仍缓慢。有肺丝虫寄生时，可降低猪对其他疾病的抵抗力，使患猪容易并发猪肺疫等病。

（三）病理变化

眼观变化常不甚显著。病猪膈叶腹面边缘有楔状肺气肿区，支气管增厚，扩张，靠近气肿区有坚实的灰色小结，小支气管周围呈现淋巴样组织增生和肌纤维肥大。支气管内有虫体和黏液。

（四）鉴别诊断

根据临床症状，结合流行情况，尸体剖检，从支气管、细小支气管内找出虫体而确诊，也可收集粪便或痰液，用硫酸镁饱和液浮集法也可查出虫卵而确诊。

（五）防治措施

实行圈养，无害化处理粪便，定期驱虫，可用左旋咪唑、丙硫苯咪唑、苯硫咪唑或伊维菌素等驱虫药。

九、猪肾虫病

猪肾虫病是由猪肾虫（有齿冠尾线虫）引起，又称冠尾线虫病。猪肾虫的成虫寄生在肾周围脂肪、肾盂和输尿管壁上形成的囊内。猪肾虫的虫体可以出现于肺及其他组织。

（一）流行病学

气候温暖（27～32℃）的多雨季节适于猪肾虫的幼虫在外界发育。幼虫及虫卵对干燥和直射阳光的抵抗力均很弱，在21℃温度下干燥56h即可全部死亡。

同时，虫卵及幼虫对化学药物的抵抗力也较强，只有1％的漂白粉及石炭酸溶液才具有较强的杀虫力。感染性幼虫多分布于猪舍墙根及猪排尿的地方及运动场潮湿处。猪在墙根掘土时摄入幼虫或在墙根躺卧时，幼虫钻入皮肤均会引起感染。

（二）临床症状

幼虫对肝组织的破坏相当严重（第四期、第五期幼虫的大小已经接近于成虫，虫体数量多时，机械性的损伤就可达到相当严重的程度），引起肝出血、肝硬化和肝脓肿。临诊表现为病猪消瘦、生长发育停滞和腹水等。当幼虫误入腰肌或脊髓时，腰部神经受到损害，病猪可出现后肢步态僵硬、跛行、腰背部软弱无力，以至出现后躯麻痹等症状。

（三）病理变化

幼虫对肝组织的破坏相当严重，引起肝出血、肝硬化和肝脓肿。

（四）鉴别诊断

对5月龄以上的猪，可在尿沉渣中检查虫卵。用大平皿或大烧杯接尿（早晨第一次排尿的最后几滴尿液中含虫卵最多），放置沉淀一段时间后，倒去上层尿液，在光线充足处即可见到沉至底部的无数白色的、圆点状的虫卵，即可做出初步诊断。镜检虫卵可最后确诊。

5月龄以下的仔猪，只能在剖检时，于肝、肺、脾等处发现虫体。

（五）防治措施

着重加强检疫，防止购进病猪；发现病猪立即隔离治疗；猪场保持干燥和清洁，定期用3％漂白粉或10％硫酸铜溶液消毒。有计划、分期分批地淘汰母猪。

治疗可用阿苯达唑、左旋咪唑、多拉菌素等药物。

第四节　二花脸猪常见普通病的防控

一、霉饲料中毒

霉饲料中毒是由于猪采食发霉的饲料而引起的中毒性疾病，临床上以神经

症状为特征。各种猪都可发生，仔猪及妊娠母猪较敏感。

（一）临床症状及病理变化

中毒仔猪常呈急性发作，出现中枢神经症状，头弯向一侧，头顶墙壁，数天内死亡。大猪病程较长，一般体温正常，初期食欲减退。病猪的口、耳、四肢内侧和腹部皮肤出现红斑。后期停食，腹痛，下痢或便秘，粪便中混黏液或血液，被毛粗乱，迅速消瘦，生长迟缓等。妊娠母猪常引起流产及死胎。

主要为肝实质变性。肝颜色变淡黄，显著肿大，质地变脆。淋巴结水肿。病程较长的病猪，皮下组织黄染，胸腹膜、肾、胃肠道常出血。急性病例最突出的变化是胆囊黏膜下层严重水肿。

（二）防治措施

1. 预防　根本措施是防止饲料发霉变质。对轻微发霉的饲料，必须经过去霉处理后限量饲喂；对发霉严重的饲料，绝对禁止喂猪。

2. 治疗　霉饲料中毒无特效药物。发病后立即停喂发霉饲料，换喂优质饲料，同时进行对症治疗。急性中毒，用0.1%高锰酸钾溶液、温生理盐水或2%碳酸氢钠溶液进行灌肠、洗胃后，内服盐类泻剂。静脉注射5%葡萄糖生理盐水300～500 mL，40%乌洛托品20 mL；同时皮下注射20%安钠咖5～10 mL，以增强猪体抗病力，促进毒素排出。

对慢性中毒引起阴户肿胀、食欲减退、生长缓慢的猪，可用保肝药，如葡萄糖、维生素C等治疗。出现神经症状的应用镇静剂，内服洗肠止酵药，静脉注射20%～50%葡萄糖、安钠咖、维生素C、乌洛托品等药物。为预防并发症，可用青霉素、链霉素和磺胺类抗菌剂。对大群发病、食欲减退、废绝但精神尚好的猪，饲喂青绿饲料并大量饮用葡萄糖和乌洛托品，也能收到很好的治疗效果。立即停喂发霉饲料，用多汁易消化的青绿饲料替代霉饲料喂食，用葡萄糖粉、乌洛托品注射液适量倒入盆中，放在猪舍内，让猪自由饮服，一般2～3 d康复。该病的治疗关键在于保肝、利尿、解毒，做到早防早治。

二、支气管炎

支气管炎是各种致病因素引起的猪支气管黏膜表层和深层的炎症，临床上以病猪咳嗽、呼吸困难、流鼻液及不定型热为特征。多发生于冬、春季节及气候多变时，以小猪常见。

（一）临床症状及病理变化

1. 急性支气管炎　病猪体温正常或升高，呼吸加快，胸部听诊呼吸音增强。人工诱咳呈阳性。发生干性、疼痛性咳嗽，咳出较多的黏液或痰液。后期疼痛减轻，伴有呼吸困难表现。病猪可视黏膜发绀，产生湿润的分泌物而出现湿性咳嗽，两侧鼻孔流出浆液性、黏液性或脓性分泌物。

2. 慢性支气管炎　病猪精神不振、消瘦，咳嗽持续时间较长，流鼻液，症状时轻时重。采食和运动时咳嗽剧烈，体温变化不大，肺部听诊早期有湿啰音，后期出现干啰音。

（二）防治措施

1. 预防　加强饲养管理，避免猪受冷、风、潮湿的侵袭，防止感冒。保持猪舍清洁卫生，空气新鲜，防止各种因素引起的应激。

2. 治疗　加强护理，消除病因，祛痰镇咳，抑菌消炎等。

（1）急性支气管炎

①抑菌消炎　可用抗生素或磺胺类药物，如氨苄西林、头孢拉定、盐酸环丙沙星、磺胺嘧啶等药，或者拜有利、保得胜、牧特林治疗，每千克体重0.1 mL，肌内注射，或者口服严迪，对治疗支气管炎都有很好的疗效。

②祛痰止咳　可用复方甘草合剂 10～30 mL，强力枇杷止咳露 5～10 mL 灌服。病猪呼吸困难时，可用 3mol/L 的盐酸麻黄素 1～3 mL 肌内注射，氨茶碱 0.2～0.5 g 肌内注射。

（2）慢性支气管炎　主要是消炎平喘，可用盐酸异丙嗪、盐酸氯丙嗪针剂注射，或片剂 100～250 mg，与复方甘草合剂 50～100 mL、人工盐 50～100g，混合内服，有较好的疗效。

三、仔猪贫血

仔猪营养性贫血，是指 5～21 日龄的哺乳仔猪缺铁所致的一种营养性贫血，多发于秋、冬、早春季节，对猪的生长发育危害严重。本病在一些地区有群发性，由于缺铁或需求量大而供应不足，影响仔猪体内血红蛋白的生成，红细胞数量减少，发生缺铁性贫血。另外，母猪及仔猪饲料中缺乏钴、铜、蛋白

质等也可发生贫血。缺乏铜和铁的区别是，缺铁时血红蛋白含量降低，而缺铜时红细胞数减少。

（一）临床症状及病理变化

仔猪一般在 5～21 日龄发病，精神沉郁，离群伏卧，食欲减退，营养不良，极度消瘦，耳静脉不显露。可视黏膜苍白，轻度黄染。被毛逆立，呼吸加快，心搏加速，体温不高。消瘦的仔猪周期性出现下痢与便秘。有些仔猪则不见消瘦，外观上可能较肥胖，且生长发育较快，2～4 周龄时，可在运动中突然死亡。

病猪皮肤及可视黏膜苍白，肌肉颜色变淡，心脏扩散，肝肿大且有脂肪变性，肌肉淡红色，血液较稀薄，胸腹腔内可能有液体，肺水肿或发生炎性病变，肾实质变性。

（二）防治措施

1. 预防　加强母猪的饲养管理，仔猪提早补料，出生后 1～3 日龄的仔猪注射血多素、富来血等，可预防本病。

2. 治疗　补铁注射液，腿部深层肌内注射。硫酸亚铁，剂量为每头仔猪 100 mg，内服，每天 1 次，连用 1 周。

四、母猪瘫痪

生产瘫痪，又称母猪瘫痪，包括产前瘫痪和产后瘫痪，是母猪在产前和产后以四肢肌肉松弛、低血钙为特征的疾病。主要原因是钙、磷等营养性障碍。引起血钙降低的原因可能与下面几种因素有关：①分娩前后大量血钙进入初乳，血中流失的钙不能迅速得到补充，致使血钙急剧下降；②怀孕后期，钙摄入严重不足；分娩应激和肠道吸收钙量减少；③饲料钙磷比例不当或缺乏，维生素 D 缺乏，低镁日粮等可加速低血钙发生。此外，饲养管理不当，产后护理不当，母猪年老体弱，运动缺乏等，也可发病。

（一）临床症状

母猪瘫痪一般发生在产前数天及产后 30 d 左右，个别母猪在产后几天内就会出现腰部麻痹、瘸腿及瘫痪现象。瘫痪之前，母猪食欲减退或不食，行动迟缓，粪便干硬成算盘珠状，喜欢清水，有拱地、啃砖、食粪等异嗜现象，但体温正常。瘫痪发生后，起立困难，扶起后呆立，站立不能持久，行走时后躯摇摆、无力。驱赶时后肢拖地行走，并有尖叫声，最后瘫卧不动。

（二）防治措施

1. 预防 科学饲养，保持日粮钙、磷比例适当，增加光照，适当增加运动。

2. 治疗 静脉注射 10％氯化钙 30～50 mL；静脉注射 10％葡萄糖酸钙 100～150 mL；维丁性钙注射液 4～8 mL 肌内注射，隔天 1 次，连用 10 次。

五、腹泻

仔猪因肠道内尚未建立稳定的微生态系统，自身抵抗力较低，对外界刺激敏感，易受各种病原微生物的侵袭和各种应激因素的影响。哺乳仔猪以传染性腹泻较为常见，而保育仔猪以日粮抗原过敏、断奶、饲料突然更换、寒冷、环境应激等非传染性因素引起的腹泻为主。这两类因素间的关系十分密切，既相互影响，又互为因果，常呈多重感染或混合感染。

（一）临床症状

病猪皮温不整，耳冷鼻凉，流清涕，腹胀肠鸣，畏寒惧冷蜷卧，食欲减少或废绝，无热象或轻度发热，每天腹泻十多次，泻粪清稀，呈现进行性消瘦，腹泻 1 d 后迅速脱水而掉膘。病猪因失治或继发感染而死亡，仔猪死亡率在 15％以上。

（二）防治措施

1. 预防 保持猪舍卫生；加强饲养管理；加强疫苗接种；及时发现和隔离病猪。

2. 治疗 治疗腹泻的技术要点关键在于清肠制酵、补液强心，同时还要注意调整病猪消化道菌群和调理胃肠道功能。

六、新生仔猪溶血病

新生仔猪溶血病是由新生仔猪吃初乳而引起红细胞溶解的一种急性溶血性

疾病。临诊上以贫血、黄疸和血红蛋白尿为特征。一般发生于个别窝猪中，但致死率可达100%。

（一）临床症状及病理变化

最急性病例表现为在新生仔猪吸吮初乳数小时后突然呈急性贫血而死亡。急性病例最常见，一般在仔猪吃初乳后24～48h出现症状，表现为精神委顿，畏寒震颤，后躯摇晃，尖叫，皮肤苍白，结膜黄染，尿色透明呈棕红色。血液稀薄，不易凝固。血红素由8～12 g降至3.6～5.5 g，红细胞数由500万个降至3万～150万个，大小不均，多呈崩溃状态，呼吸、心搏加快，多数病猪于2～3 d内死亡。亚临床病例不表现症状，查血时才发现溶血。

病仔猪全身苍白或黄染，皮下组织、肠系膜、大（小）肠不同程度黄染，胃内积有大量乳糜，脾、肾肿大，肾包膜下有出血点，膀胱内积聚棕红色尿液。

（二）防治措施

立即让全窝仔猪停止吸吮原母猪的奶，由其他母猪代哺乳，或人工哺乳。可使病情减轻，逐渐痊愈。

（1）重病仔猪，可选用地塞米松、氢化可的松等皮质类固醇配合葡萄酸治疗，以抑制免疫反应和抗休克。

（2）为防止继发感染，可选用抗生素；为增强仔猪造血功能，可选用维生素 B_{12}、铁制剂等治疗。

（3）发生仔猪溶血病的母猪，下次配种时改换其他公猪，可防止再次发病。

七、脱肛

脱肛就是指猪的直肠脱垂，是由于直肠受到压力后从肛门翻出导致。脱肛在猪的任何年龄、任何季节均可发生，以商品猪（体重5～100 kg）多见，冬季多发，病情轻可影响仔猪生长发育，严重时可导致猪只死亡。

（一）临床症状

以外观症状判断是否脱肛，主要表现为猪的大肠末端、肛门里侧部分脱出到肛门外。轻度脱肛不会出现异常现象；病情较重的，脱出部分表现水肿、溃烂、出血，严重的会出现大肠全部脱出。

（二）防治措施

（1）饲喂合格的全价饲料，建议常年添加优质脱霉剂。

（2）防止仔猪受惊吓，减少应激，在转群时要轻提轻放，同时在冬季注意保暖，并防止近亲交配。

（3）对直肠已脱出的猪只，要及时隔离并进行荷包式缝合。在缝合时首先用消毒药水把针、线、剪刀、手术用具和手臂及肛门所脱出的部分进行清洗消毒，对发生水肿的要用手轻挤，把水肿的地方挤至消肿；如果溃烂应剥去烂肉清洗干净，然后将直肠轻轻送入肛门内，然后缝合。最重要的是手术完后用地塞米松和青霉素进行后海穴注射，用量酌情。

八、湿疹

猪湿疹又称猪湿毒症，主要是因猪长期生活在潮湿的环境而致，尤其是高温季节，该病的暴发率更高。

（一）临床症状

急性患猪大多发病突然，病初猪的颌下、腹部和会阴两侧皮肤发红，同时出现蚕豆大的结节，并瘙痒不安，以后随着病情加重，患猪皮肤出现水疱、丘疹，水疱、丘疹破裂后常伴有黄色渗出液，最后结痂或转化成鳞屑等。急性患猪若治疗不及时常会转成慢性，因皮肤粗厚、瘙痒，猪常擦墙、擦树止痒，导致全身被毛脱落，出现局部感染、糜烂或化脓，导致猪体消瘦，虚弱而死。

（二）防治措施

1. 预防　经常清扫猪圈，保持舍内清洁干燥，防止圈内漏雨，勤晒垫草。墙壁湿度大的还可撒一些石灰除潮。

2. 治疗　对于急性猪可静脉注射氯化钙或葡萄糖酸钙 10～20 mL，同时内服维生素 A 5 000IU 和维生素 C 片、复合维生素 B 片各 0.5～2 g，必要时可注射肾上腺素 0.5～1.5 mL。对于病灶处出现潮红、丘疹的患猪，可将鱼石脂 1 g、水杨酸 1 g、氧化锌软膏 30 g 混合后涂擦。对于慢性湿毒症患猪，可先用肥皂水洗净患部，再涂擦 10%硫黄煤焦油软膏进行外洗治疗。如果患猪患部化脓感染，可先用 0.1%高锰酸钾溶液，再涂擦磺酊或撒消炎粉。

九、肢蹄病

猪肢蹄病是猪四肢和四蹄因某种因素导致的局部损伤和运动障碍类疾病的总称，又称跛行病。

（一）临床症状

病猪站立不起，关节肿胀，行动困难，蹄叉腐烂、溃疡等。

（二）防治措施

1. 预防　强化种猪的饲养与管理要加强运动，多晒太阳；加强猪舍的环境卫生管理，保持猪舍清洁干燥；勤观察，精心护理，经常检查猪的蹄壳。

2. 治疗

（1）风湿性蹄病　使猪避免受寒、风、潮湿侵袭：2.5％醋酸可的松5～10 mL肌内注射或用醋酸波尼松龙 3～5 mL 关节注射；用镇跛消痛宁 5～10 mL、普鲁卡因青霉素按猪体重 50 000U/kg 混合肌内注射，或用阿司匹林3～5 g 内服，每天 2 次，连用 7 d。

（2）挫伤　将患部剪毛后消毒，用生理盐水冲洗患部，再用鱼石脂软膏涂于患部或涂布龙胆紫。

（3）蹄裂　可用0.1％硫酸锌涂抹，并每天 1～2 次在蹄壳涂抹鱼肝油或鱼石脂。

（4）链球菌和葡萄球菌病　用青霉素按猪体重每千克 50 000U，链霉素50 mg，混合用氯化钠注射液 20 mL 溶解后，肌内注射，每天 2 次，连用 3 d。在关节肿病例较多时，应在饲料中添加磺胺类或阿莫西林类药物预防。

十、母猪产后食欲不振

母猪产后（3 d 内）食欲较差是正常现象，一般可以逐步恢复。少数母猪产后采食量减少，甚至不吃食，大多是因产后消化机能紊乱而导致，也可能是多种因素引起的疾病，发生后如不及时治愈，往往会影响子猪生长，甚至导致母猪和仔猪死亡。本病以初产母猪和老龄母猪多发。

（一）发病原因

（1）产前饲料喂量过高，尤其是豆粕等蛋白质饲料含量过多，饲料营养不平衡，饲料缺乏矿物质和维生素，加重胃肠负担，引起消化不良。

（2）对母猪长期粗放饲养，饲料单一，缺乏营养，长时间影响消化功能。

（3）平时营养缺乏，产后过度疲劳，体力衰竭，产后饲喂量增加过多，引起食欲紊乱。

（4）分娩时冬季天气寒冷，猪舍保温差，温度过低，外感风寒，或夏季气温过高，猪舍通风差，导致食欲不佳；或者由于低温感冒或高温中暑，导致食欲差或废绝。

（5）饲料过精，粗纤维不足，导致猪胃溃疡或便秘，食欲减退。

（6）母猪吞食胎衣、死胎等，引起消化不良。

（7）母猪产后由于腹压突然降低，影响正常消化功能。

（8）母猪患子宫内膜炎、阴道炎、乳房炎等，引起体温升高，食欲不振。

（9）母猪怀孕期膘情过好，导致过肥，直接影响产后哺乳期的食欲。

（10）产后大量泌乳，血中血糖、血钙浓度降低，中枢神经系统受到损害，分泌机能发生紊乱，加之仔猪吃奶骚动不安，干扰母猪休息，致母猪消化系统发生紊乱。

（二）防治措施

（1）饲喂母猪要定时定量，饲料多样化，标准饲养，保持适当体况。

（2）注意营养调节，注意蛋白质、维生素和矿物质的补充，增强母猪体质。

（3）怀孕母猪饲料应保持一定的粗纤维含量（8%～12%），适当饲喂青绿（粗）饲料。防止便秘。

（4）做好产房、用具及接产人员的消毒工作，防止产道感染。及时消炎处理。

（5）夏季产房注意通风、降温，冬季注意保暖，防止贼风侵袭。

（6）产仔后排出的胎衣和死胎应及时拿走，避免母猪吞食。

（7）加强怀孕母猪的饲养管理，如果条件允许，应让其适当运动。

（8）及时治疗母猪各种原发疾病，如阴道炎、子宫内膜炎、尿道炎、乳房炎等。

十一、子宫脱出

子宫脱出是指子宫的部分或全部从子宫颈内脱出到阴道或阴门外，多发生于难产及经产母猪，此病常发生于母猪产后数小时以内。体质虚弱、运动不足、胎水过多、胎儿过大和母猪使用年限过长，致使母猪子宫收缩力和子宫过度伸张而引起子宫迟缓时，可造成子宫脱出。分娩时产道受到强烈刺激，产后发生强烈努责，腹压增高，在助产时产道干燥、强行拉出胎儿等是引发母猪子宫脱出的主要原因。

（一）临床症状

子宫部分脱出时，母猪表现不安，不时努责，频频甩尾，常做排粪、排尿姿势。阴道检查，常可触到子宫角的部分。病猪卧下时，可见阴道中有拳头大的鲜红色球状物。当子宫完全脱出时，脱出的子宫呈肠管，表面具有皱襞，病猪努责，子宫全脱出呈倒丫状。子宫黏膜色泽初为粉红或红色，后因淤血变为暗红、紫黑色，随着水肿呈肉冻状，且多被粪土污染和摩擦而出血、糜烂、坏死，挤压尿道或堵塞尿道口时，常继发尿闭。

（二）防治措施

1. 预防　加强饲养管理，喂给母猪全价饲料和适当运动，预防和治疗增加腹压的各种疫病。

2. 治疗　主要是及时进行整复，并配以药物治疗。整复完毕，用粗线缝合阴门2～3针，以防子宫再次脱出，但要使猪正常排尿。当子宫严重损伤、坏死及穿孔而不宜整复时，实施子宫摘除术。

十二、产后热

母猪产仔后1～3 d，因子宫感染而引起的高热称为产后热。

（一）临床症状

母猪体温升高至40.5～41.5℃，喜卧，食欲减退，身体颤抖，呼吸加快，泌乳减少，阴户中流出脓性物。

（二）防治措施

（1）在母猪产仔前 7 d，将产房及用具用 2％的氢氧化钠溶液或甲醛溶液进行全面消毒。

（2）母猪产仔前应逐渐减少饲喂量，临产前最好不喂料，这样有利于分娩。

（3）母猪产仔前后用 0.1％的高锰酸钾溶液清洗阴户及乳房。

（4）如果母猪产仔困难，可注射垂体后叶素进行催产，尽量不要将手伸入产道硬拉。

（5）症状较轻的，可肌内注射青霉素和链霉素，每天 2 次，连用 2～3 d。

（6）症状比较严重的，可皮下注射 10％～20％的安钠咖 10 mL 或垂体后叶素 20～40IU，每天 2 次，连用 3 d，即可痊愈。

第八章
二花脸猪养殖场建设与环境控制

第一节　二花脸猪猪场选址与建设

正确选择场址并进行合理的规划和布局，是建设猪场的关键。合理规划和布局，既可方便生产管理，也可为严格执行防疫制度、取得较好的生产水平等打下良好的基础。

一、场址选择

(一) 面积和地势

要同时考虑生产区和生活区，除满足不同阶段的猪所需要的适宜面积外，还要留有余地，尤其是大规模猪场。生产区面积一般可按繁殖母猪每头 45～50m² 或商品猪每头 3～4m² 考虑，猪场生活区、生产管理区、隔离区另行考虑，并留有发展余地。一年出栏万头肥猪的商品猪场以占地面积30 000m² 为宜。

猪场地势要求较高、干燥、平坦、背风向阳、有缓坡，这样的猪场地下水位低，土壤通透性好，雨后不积水。土质要好，一般以砂壤土为宜。大规模猪场在选择场址时应注意通风。切忌把猪场建在山窝里，以免污浊空气常年不散，影响猪场的小气候。

(二) 防疫与交通

距主要交通干线公路、铁路要尽量远一些，但不能闭塞。既要考虑猪场本身的防疫，又要考虑猪场对外的影响。大规模猪场距离铁路、国家一二级公路不少于 300～500m，距离三级公路不少于 150～200m。

（三）电源与水源

距电源近，供电稳定，停电少。规划猪场前先勘探水源，一要水源充足；二要保证水质符合饮用水标准。在工厂附近建场，应注意防止污染水源，以免影响养猪生产。

（四）排污与环保

若猪场周围有农田、果园，并便于自流，就地消耗大部分或全部粪水是最理想的。否则需针对排污处理和环境保护进行重点规划，特别是不能污染地下水和地表水源、河流。

二、场址规划和建筑物布局

场址选定后，需根据有利防疫、改善场区小环境、方便饲养管理、节约用地等原则，考虑当地气候、风向、场址的地形地势、猪场各种建筑物和设施的尺寸及功能关系，规划全场的道路、排水系统、场区绿化带等，安排各功能区的位置及每种建筑物和设施的朝向、位置。

（一）场址规划

1. 场址分区　猪场一般可分为四个功能区，即生产区、生产管理区、隔离区、生活区。为便于防疫和安全生产，应根据当地全年主风向和场址地势安排以上各区（图 8-1）。

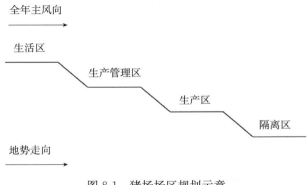

图 8-1　猪场场区规划示意

（1）生活区　一般设在生产区的上风向，或与风向平行的一侧，同时其位置应便于与外界联系。此外，猪场周围应建围墙或设防疫沟，以防兽害和避免闲杂人员进入场区。与生产区和生产管理区之间分别设置单独淋浴消毒通道。

（2）生产管理区　生产管理区包括猪场生产管理必需的附属建筑物，如饲料加工车间、饲料仓库、消毒更衣室等，该区应与生产区毗邻建立。

（3）生产区　生产区包括各类猪舍和生产设施，这是猪场中的主要建筑区，一般建筑面积约占全场总建筑面积的70%～80%。种猪舍要求与其他猪舍隔开，形成种猪场。分娩舍既要靠近妊娠舍，又要接近培育猪舍。育肥猪舍应设在下风向，且离出猪台较近。在生产区的入口处，应设专门的消毒间或消毒池，以便进入生产区的人员和车辆进行严格的消毒。

（4）病猪隔离间及粪便堆存处　病猪隔离间及粪便堆存处应远离生产区，设在下风向、地势较低的地方，以免影响生产猪群。

2. 场区道路和排水

（1）场内道路应净、污分道，互不交叉，出入口分开。净道的功能是人行和饲料、产品的运输；污道为运输粪便、病猪和废弃设备的专用道。

（2）场区排水设施是为排除雨水、雪水。一般可在道路一侧或两侧设明沟排水，但场区排水管道不能与舍内排污水系统的管道通用。

3. 绿化　绿化不仅美化环境，净化空气，也可以防暑、防寒，改善猪场的小气候，同时还可以减弱噪声，促进安全生产，从而提高经济效益。因此，在进行猪场总体布局时，一定要考虑如何进行绿化。

（二）建筑物布局

猪场建筑物的布局在于正确安排各种建筑物的位置、朝向、间距等。布局时需要综合考虑各种建筑物的功能关系、卫生防疫、通风、采光、防火、节约用地等。

生活区和生产管理区与场外联系密切，宜设在猪场大门附近，门口分别设行人、车辆消毒池，两侧设值班室和更衣室。生产区各猪舍的位置需考虑配种、转群等联系方便，并注意卫生防疫，种猪舍、仔猪舍位于上风向和地势高处。分娩猪舍既要靠近怀孕母猪舍，又要接近仔猪培育舍，仔猪培育舍靠近育肥猪舍，育肥猪舍设在下风向。商品猪舍位于场门或围墙近处，围墙内侧设装猪台，运输车辆停在墙外装车。商品猪场可按公猪舍、空怀母猪舍、产房、保育舍、育肥舍、装猪台等建筑物顺序靠近排列。病猪隔离舍和粪污处理设施应置于全场最下风向和地势最低处。

第二节　二花脸猪猪场建筑的基本原则

一、设计建造原则

猪舍、仓库、场区道路及水电配套设施等是猪场主要固定资产投资。投资越少，使用年限越长，所占成本份额越低，养殖经济效益越高。因此，猪舍设计建造时，第一，要简单实用、坚固耐久、利于防火。第二，要利于猪舍环境控制。猪舍内外环境状况严重影响猪群生产性能，因此设计猪舍时，猪舍要通风良好，光线充足，有利于温度、湿度和微尘的控制，能满足猪群不同生理阶段对环境的需求。为保证种公猪和种母猪的体质，应设计足够面积的圈舍。而产仔泌乳母猪及吮乳仔猪，应同栏同舍，除应设置足够面积的圈舍外，还应考虑猪舍的整体保温，同时设置专用保温区。第三，利于清洗消毒。猪舍地面墙壁、圈栏建筑材料应利于清洁消毒，地面墙壁应便于冲洗，并能耐酸、碱等消毒剂冲洗消毒。第四，利于生态环保。根据粪污减量化要求，在设计圈舍和仓库等配套生产用房时，全部采用"雨污分离"，粪尿采取"干湿分离"。雨水采用明沟排放，污水经暗沟进沉淀池或沼气池发酵后灌溉农田，或达标后排放。

二、猪舍结构与建造

猪舍类型以砖混结构、双坡式屋顶、双列式猪栏为主，这些类型土地利用率高、生猪圈舍成本低、便于生产管理。猪舍跨度（内径）8.0～10.0m，长度应根据猪场自然条件和饲养规模确定，有条件以40.0～60.0m为佳。北边侧墙间隔3.0～4.0m安装1.2m×1.5m的窗子1个，南边侧墙在墙体0.9m以上为全敞开窗，窗高约1.5m，用立柱作支撑，安装卷帘布作温度和湿度调节。使用卷帘布的最大好处是成本低，便于管理，在夏季能通风降温。猪舍两端分别设置宽1.2～1.5m的出、入舍门，入舍门两边设置1.8m×2.5m的进风口，并安装湿帘；出舍门两边设置出风口并安装风机。猪舍内设3个通道，饲料通道宽1.4～1.6m，污道宽1.0～1.2m，粪沟宽0.25～0.3m。墙体为砖墙，屋面为瓦毡或有隔热保温层的彩钢瓦。猪舍四周设置排雨专用明沟，并设置排污暗沟连接舍内粪沟、沉淀池或沼气池。猪场设计参数见表8-1。

表 8-1　猪群饲养密度及每栏猪数

种　　类	每头猪占用面积（m²）	单栏猪数（头）	备注
断奶保育期猪	0.25～0.3	≤20	
体重 30～60 kg 猪（生长前期）	0.4～0.8	≤20	
体重 60～90 kg 猪（生长后期）	0.9～1.2	≤20	
公猪	8～10	1	可配独立运动场
群养后备母猪	1.2～1.5	1～6	混群可促进母猪发情
空怀及妊娠母猪	1.3～1.6	3～6	二花脸猪适宜群养
哺乳母猪	3.5～4	1	

第三节　二花脸猪猪舍设施设备

设计猪舍内部结构时应根据猪的生理特点和生物学习性，合理布置猪栏、走道，合理组织饲料、粪便运送路线，选用适宜的生产工艺和饲养管理方式，充分发挥猪的生产潜力。

一、猪舍设计要求

1. 地面　应做到不返潮、少导热；易保持干燥；坚实不滑，有一定弹性，耐腐蚀，易冲洗和消毒；便于猪行走、躺卧；使用耐久，造价低廉。

2. 墙体　总体要求坚固耐久、抗震防火、便于清扫消毒和具有良好的保温隔热性能。

3. 屋顶　要求结构简单、坚固耐久、保温良好、防雨、防火和便于清扫、消毒。屋顶采用彩色钢板和聚苯乙烯夹心板等新型材料。

4. 门窗　猪舍外门一般高 2.0～2.4m，宽 1.2～1.5m，门外设坡道。窗户主要用于采光和通风换气。

5. 粪尿沟　要求平滑、不透水，沿流动方向有 1%～2% 的坡度，粪尿沟一般设在猪栏墙壁的外侧。

二、猪舍设施

（一）公猪舍

公猪舍多采用带运动场的单列式，单圈饲养，给公猪设运动场，保证其充足的运动，可防止公猪过肥，对其健康和提高精液品质、延长公猪使用年限等均有好处。公猪栏要求比母猪栏和肥猪栏宽，隔栏高度为 1.2～1.4m，面积一般为 7～9m²，采用不过滑或过于粗糙的水泥地面及高压水泥砖地面（坚固且防滑）。栅栏结构可以是混凝土或金属，便于通风和管理人员观察和操作。

（二）空怀舍、妊娠母猪舍

空怀母猪、妊娠母猪可群养也可单养，空怀舍、妊娠母猪舍有单列式、双列式、多列式等几种。栏体多采用限位栏，限位栏设计如下：栏长 1.9m，高 1.1m。栏的地面布局为：栏体头部外侧为砖结构水槽，宽 1.3m 的水泥地面，宽 0.6m 的漏粪栅，粪栅下面是清粪斜坡与宽 0.3m 的粪尿沟相连。限位栏宽度为 60cm。长条形料水槽：料水槽净宽 25cm，底部呈弧形，倾斜度 0.5%，槽深 20cm，外侧比内侧高 5cm，内侧在头部下面向内 7cm 处。在最后一个栏底部的最低处附近做一个约 10cm 高的水泥挡水小坝，小坝外侧的底部做一个与地面明沟相通的排水孔，明沟与粪尿沟相连。为便于夏天通风，在限位栏尾部的墙上，离地约 15cm 处设一排 45cm×45cm 的小窗。限位栏尾部开门用厚 19mm 的钢管，立柱及侧管用厚 25mm 钢管，粪栅用直径 12mm 的钢筋。焊接均为满焊，一般焊缝厚为 3mm。抽风设备根据实际需要安装在猪舍两端墙壁上，高度为离地 1.7m 左右。近年来，南方流行装配式空怀母猪舍、妊娠母猪舍：一般为框架结构，跨度在 12～15m，多设两列三通道，长度为 100m 左右，侧墙上装有轴流式风机，两边为卷帘幕，舍内采用湿帘降温，集约化程度高。

二花脸猪母猪由于产仔数多，怀孕后期腹部膨大，在限位栏不适宜胎儿发育，同时由于二花脸猪性情温驯，因此怀孕母猪可以合群大圈饲养，每圈 4～6 头。

（三）分娩舍及分娩栏

分娩舍常见为三通道双列式。哺乳母猪舍供母猪分娩、哺育仔猪用，其设计既要满足母猪需要，同时要兼顾仔猪的需求。分娩母猪的适宜环境温度为 16～18℃，新生仔猪体热调节机能发育不全，怕冷，适宜环境温度为 29～32℃，气温低时仔猪通过挤靠母猪或相互挤靠来取暖，这样易出现被母猪踩死、压死的现象。根据这一特点，母猪舍的分娩栏应设母猪限位区和仔猪活动

栏两部分。中间部位为母猪限位区，宽一般为 0.6m，两侧为仔猪栏。仔猪活动栏内一般设仔猪补料槽和保温箱，保温箱常采用红外灯等给仔猪局部供暖。

（四）仔猪保育栏

刚转入仔猪保育栏的仔猪，对环境的适应能力差，对疾病的抵抗力较弱，而这段时间又是仔猪生长最旺盛的时期，因此保育栏一定要为小猪提供一个清洁、干燥、温暖、空气新鲜的生长环境。目前，我国现代化猪场多采用高床网上保育栏，主要用金属编织漏缝地板网（或硬塑料网、铁条网等）、围栏、自动食槽、连接卡、支腿等组成，金属编织网通过支架设在粪尿沟上（或实体水泥地面上），围栏由连接卡固定在金属漏缝地板网上，相邻两栏在间隔处设有一自动食槽，供两栏仔猪自动采食，每栏安装一个自动饮水器。网上饲养仔猪，粪尿随时通过漏缝地板落入粪沟中，保持了网床上干燥、清洁，使仔猪避免粪便污染，减少疾病发生，大大提高仔猪成活率，是一种较为理想的仔猪保育设备。仔猪保育栏的长、宽、高视猪舍结构不同而定，常用的规格为长 2m，宽 1.7m，高 0.6m，侧栏间隙 0.06m，离地面高度为 0.25～0.3m。可养体重 10～25 kg 的仔猪 10～12 头。

（五）生长猪栏与育肥猪栏

现代化猪场的生长猪栏和育肥猪栏均采用大栏饲养，其结构类似，只是面积稍有差异，常用的有以下两种：一种是采用全金属栅栏和全水泥漏缝地板，也就是全金属栅栏架安装在钢筋混凝土板条地面上，相邻两栏在间隔栏处设有一个双面自动饲槽。供两栏内的生长猪或育肥猪自由采食，每栏安装一个自动饮水器供猪自由饮水；另一种是采用水泥隔墙及金属大门地面为水泥地面，后部有宽 0.8～1.0m 的水泥漏缝地板，下面为粪尿沟。生长猪栏与育肥猪栏的栏栅也可以全部采用水泥结构，只留一金属小门。

（六）发酵床猪舍

发酵床猪舍主体结构与要求如下。

（1）新猪舍的建设

①发酵床猪舍类型　建议采用双坡式或半钟楼式屋顶设计建设。北方地区多采用双坡式和半钟楼式猪舍，南方地区可采用塑料大棚式和双坡式。

②发酵床猪舍长、宽、高　单栋发酵床猪舍的总长度一般40m，分5个猪栏，平均每个猪栏长8m；猪舍跨度8～12m，建议为10m；墙面平口高度离发酵池面大于2.5m，离地面高度不得低于3m。

③过道与地面　单排式发酵床猪舍北侧设有通长过道，宽度1～1.2m，过道内侧与发酵池之间设有1.2m宽的水泥地面饲喂台，饲喂台上设有料槽和饮水器，料槽净宽40cm，深25cm。每10头猪需要一个饮水器。过道及饲喂台地面均向护栏处倾斜，落差3cm（图8-2），以防止饮水器滴漏的水浸泡北墙和流入垫料区。

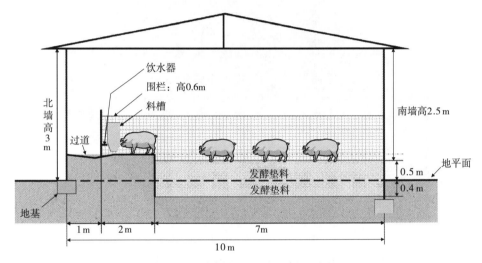

图 8-2　发酵床猪舍主要尺寸立面图示

④墙与窗户　一般发酵床猪舍北墙用三七墙，南墙和山墙用二四墙。

南墙每圈两个卧窗，窗高1.9m，宽1.8m，上1/3处装转轴；窗户上端距墙顶端平口处0.4m，窗与窗之间距离为2.2m，窗墙距离为1.1m。

北墙每圈两个卧窗，窗高1.2m，宽2m，上1/3处装转轴；窗户上端距墙顶端平口处1.1m，窗与窗之间距离约为2m，窗墙距离约为1m。

两侧山墙可以安装风机。

⑤配套设施

A. 排气扇　用于夏季或天气闷热时加强通风。

B. 暖风炉　用于冬季猪舍内增温。

C. 翻动机械　用于垫料制作、垫料日常翻动。

D. 喷雾设备　用于调节发酵垫料湿度。

（2）旧猪舍的改造

①旧猪舍改造方式　一种是利用旧猪舍的粪道，在粪道的基础上进行挖掘、拓宽，做成地下或半地上半地下的发酵池；另一种是在旧猪舍地面上直接铺发酵好的垫料，场外另建发酵池。

②发酵池的基本构造和形式

A. 发酵池的基本构造　参见图8-3。

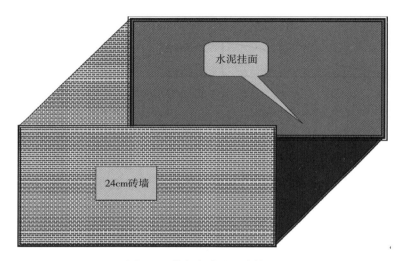

图 8-3　单个发酵池基本构造

B. 发酵池的形式　发酵池可分地上、半地上、地下3种形式，参见图8-4。

图 8-4　发酵池形式图示

a. 地上式垫料池——适合地下水位高、雨水容易渗透的地区，管理方便，但地上建筑成本有所增加，垫料受周围环境影响大。南方地区较多采用。

b. 地下式垫料池——适合地下水位低、雨水不易渗透的地区，地上建筑成本较低，发酵效果相对均匀。北方地区较多采用。一些老猪舍改建发酵池，可以利用地下的粪沟改建成地下式发酵池。

c. 半地下式垫料池——介于以上两者之间，也是目前大部分地区采用的形式。

C. 垫料发酵池的深度　垫料池深度一般为 30～100cm。根据所放猪种的不同而异，育肥猪的垫料高度要求 60～100cm，生长猪的垫料高度要求 50～80cm，保育阶段的垫料高度要求 30～50cm。结合各地的水位情况，确定向下深挖的高度。

发酵床栏舍设计时应考虑垫料操作方便、便于挖掘机进出，可在发酵池中间隔断处设置可拆卸猪栏，或者每个圈设有出口。

二花脸猪作为地方猪种，发酵床养殖效果较好。苏州苏太企业有限公司的国家级太湖猪（二花脸猪、梅山猪）保种场，生长育肥猪使用发酵床养殖 4 年多来，比水泥地面饲养缩短 10～15 d 出栏（图 8-5）。

图 8-5　发酵床猪舍

第四节　二花脸猪猪舍及场区环境卫生

一、及时清除猪舍内粪尿和污水

粪尿分解是有害气体的主要来源，猪粪潮湿时更易产生臭气，干燥粪便因缺少微生物活动必要的水分而不能进行分解，故产生有害气体较少。因此，应及时清除粪便，使粪尿迅速分离，尽可能保持粪便的干燥，以减少恶臭气体的产生。规模化猪场应采用分散清干粪工艺，即采取粪、尿（污水）分流，猪粪一经产生便由机械或人工收集，而尿和污水经排污沟流入污水处理设施净化处理。尽量防止固体粪便与尿及污水的混合，以简化粪污处理工艺及设备，且便于粪污的利用。该工艺可保持猪舍内清洁，无臭味，产生的污水量少，且浓度

低，易净化处理。

二、降低有害气体的浓度

猪舍内危害最大的有害气体主要有氨、硫化氢、二氧化碳和恶臭物质等。

1. 使用除臭剂　可用沸石来降低有害气体的浓度，沸石的表面积大，具有很强的吸附性，可用于猪场除臭，对氨、硫化氢、二氧化碳及水分有很强的吸附力，因而可降低猪舍内有害气体的浓度。同时由于沸石的吸水作用，降低了猪舍内空气湿度和猪粪的水分，减少了氨气等有害气体的产生，从而达到除臭和抑制恶臭扩散的目的。试验表明，在猪的日粮中添加5%的沸石，可使排泄物中氨（NH_3）含量下降23%。与沸石结构相似的膨润土、蛭石、海泡石和硅藻土等矿物质均有类似的吸附作用，也有除臭的功效。

2. 开发使用环保型日粮　研究与实践证明，采取有效措施降低氮和磷的排出量是减少氮、磷污染的有效措施。通过提高对饲料蛋白质的利用率，而降低猪日粮中蛋白质含量，可以间接减少氮的排出量。研究结果表明，日粮中粗蛋白质的含量每降低1%，氮的排出量就减少8.4%左右。如将日粮中的粗蛋白质从18%降低到15%，就可将氮的排出量减少25%。按可利用氨基酸等新技术配制理想蛋白质日粮，即降低饲料粗蛋白质含量而添加合成氨基酸，使日粮氨基酸达到平衡，可使氮的排出量减少20%～50%，这对猪的生产性能影响非常有限。除了氮、磷这些潜在的污染源外，一些微量元素如铜、砷制剂等超量添加也易在猪产品中富集，给人类健康带来直接或间接的危害，应按规定使用。此外，合理调整日粮中粗纤维的水平，可有效控制吲哚和粪臭素的产生。

3. 添加使用绿色添加剂　在猪的日粮中添加使用酶制剂，提高猪对饲料养分的利用率，可减少氮的排出量。在猪的日粮中添加微生态制剂（又称活菌制剂），可改善饲料的利用率，提高猪对饲料营养物质的消化吸收率，同时抑制肠道内某些细菌的生长，可减少猪体内恶臭气体的产生和排放，从而减轻猪粪尿的气味，减少舍内有害气体的浓度，控制环境污染。Tarer 和 Campbell（1998）发现，在摄食大麦型日粮的猪群中，使用一种含 β-葡聚糖酶的混合酶可使能量利用率提高13%，日粮蛋白质的吸收率提高21%。

三、防止昆虫滋生

养猪场易滋生蚊蝇，传播疾病。因此，要定时清除粪便和污水，保持猪场环境的清洁、干燥和排污沟畅通；要经常清洗饲养用具，加强周围环境灭虫、消毒，铲除杂草，排出积水，填平沟渠洼地，消灭蚊幼虫滋生地。使用化学杀虫剂杀灭蚊蝇，可用1％敌百虫、1％敌敌畏或0.5％蝇毒磷溶液交替喷洒猪舍走道、周围环境，有害昆虫接触后能迅速死亡，为养猪生产创造良好的环境卫生条件。

第九章
二花脸猪养殖场废弃物处理及利用模式

集约化饲养方式由于养殖过程中造成的粪尿和冲栏废水过度集中，又没有有效的消化途径和经济合理的处理方法，致使很多养殖场产生的粪便污水不经处理而任意排放，严重污染了周围环境。此外，猪粪便中含有大量的有毒有害物质和致病性微生物，若不科学处理，将成为疫病传播的重要传染源。因此，针对规模化养殖场废弃物开展无公害化处理及合理的资源化利用是解决猪粪便污染的主要手段。走生态养殖道路，进行资源的循环利用，保护生态环境，将是今后养猪业发展的方向。

下面以苏州苏太企业有限公司国家级太湖猪（二花脸、梅山猪）保种场、常熟市牧工商总公司二花脸猪国家级保种场和常州市焦溪二花脸猪专业合作社为例，介绍三种较为有效的废弃物处理及利用模式。

一、苏州苏太企业有限公司国家级太湖猪（二花脸猪、梅山猪）保种场模式

（一）废弃物处理及利用模式

采用"雨污分离、干湿分离、饮污分离、种养结合"等技术模式，对畜禽场的污水管道进行改造建设，使雨水和污水分离、干粪和湿粪分开，通过建造堆粪棚、堆粪场、三级化粪池、污水处理中心（图9-1）、粪便专用道路，改造现有的污水管网，将污水通过污水处理后再用于果园或牧草地灌溉和回用于冲洗猪舍等，使污水实现零排放。

148

图 9-1　污水处理设施

（二）技术路线

粪尿干湿分离处理相关技术路线如图 9-2 所示。

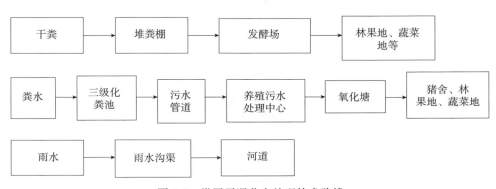

图 9-2　粪尿干湿分离处理技术路线

（三）生态养殖模式——发酵床养殖

1. 发酵床养殖技术优点　发酵床养殖技术的原理是利用微生物发酵床进行自然生物发酵。利用发酵床菌种，按一定比例混合秸秆、锯末屑、稻壳粉、米糠、树叶等，进行微生物发酵，形成一个微生态发酵床工厂，并以此作为猪圈的垫料；再利用生猪的拱翻习性，使粪尿和垫料充分混合，通过发酵床的微生物分解发酵，使粪尿中的有机物得到充分的分解和转化，微生物以尚未消化的粪便为养分，在垫料中繁殖；同时，大量微生物产生无机养分和菌体蛋白

质，从而将猪舍垫料发酵床变成微生态饲料加工厂，形成一个零排放、无污染的生态养殖模式，达到无臭、无味、无害化的目的。

发酵床养殖具有耗料少、操作简、无污染等优点，其集养猪学、营养学、环境卫生学、生物学、土壤肥料学于一体，是养猪业可持续发展的新模式。

2. 工艺流程　相关工艺流程如图 9-3 所示。

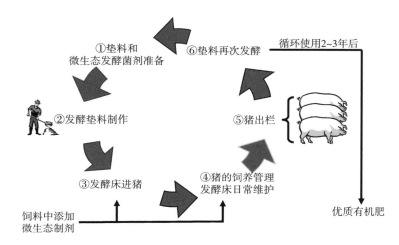

图 9-3　发酵床工艺流程

3. 发酵垫料制作方法　相关制作方法如图 9-4 所示。

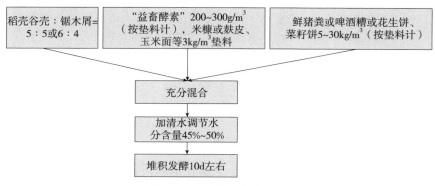

图 9-4　发酵垫料制作步骤

4. 垫料发酵注意事项

（1）水分不要过量，根据垫料水分含量加水，一般控制在 45％～50％。

（2）垫料堆积后，表面应稍微按压，并覆盖透气性材料如编织袋或麻袋等，达到既能升温又可保温的效果，冬季制作还应覆盖一层干草或玉米秸秆，以达到保温效果。

（3）温度观测，发酵第 2 天开始观测发酵温度，夏季一般第 2 天垫料初始温度上升至 40～50℃，到 5～7 d 时升到 60～70℃，说明发酵成功；冬季一般 5～7 d 温度达到 40～50℃，10 d 左右达到 60～70℃，说明发酵成功。

（4）垫料发酵成熟与否，关键看温度变化是否趋于稳定。正常情况下，新垫料发酵温度趋于稳定的时间一般为 5～10 d；旧垫料发酵温度趋于稳定的时间一般为 12～15 d。发酵成功后等温度再降到 40～50℃，即可铺开，表面撒干稻壳或谷壳和锯木屑的混合物约 10cm，间隔 24h 后进猪饲养。

5. 发酵床饲养管理与日常维护

（1）进猪的准备工作

①入舍前须做好所有免疫工作。

②垫料铺设好后 24h 再进猪。

③入舍前彻底驱虫。

④入舍猪只大小均衡、健康。

⑤保证适当的饲养密度：体重 7～30 kg 的猪 0.4～1.2m²/头；体重 30～70 kg 的猪 0.8～1.2m²/头；体重 70～100 kg 的猪 1.2～1.5m²/头。

（2）发酵床日常维护

①进猪 1 周内为观察期，防止垫料表面扬尘；进猪后 2～3 d 对猪进行定位，让猪尽量在发酵垫料上排粪尿。

②进猪 1 周后，每周调整垫料 1～2 次。

③从进猪之日起每 50 d 翻垫料 1 次。

④饲料中添加相应的微生态制剂产品，如体重 30 kg 小猪按 0.1％饲喂"乳菌宝"；体重 30 kg 出栏中大猪按 0.1％～0.2％饲喂"益畜威"；配种至哺乳母猪按 0.1％～0.2％饲喂"益畜王"。

⑤猪出栏后（采取全进全出），垫料放置干燥 2～3 d，每立方米垫料需再添加"益畜酵素" 200 g、玉米面或米糠 2～3 kg，用小型挖掘机或铲车将垫料从底部反复倒翻均匀，重新堆积发酵；发酵成熟后铺开，表面撒稻壳或谷壳和锯木屑的混合物约 10cm 厚，间隔 24h 后再次进猪饲养。

⑥在使用消毒剂消毒后，间隔 2～3 d 可适当在垫料表层补充适量的"益畜酵素"。

⑦夏季高温季节，开启风扇进行强制通风散热，垫料不要随意翻动，粪尿

就地堆积即可。

二、常熟市牧工商总公司二花脸猪国家级保种场模式

（一）废弃物处理及利用模式

采用沼气发酵处理技术（图9-5）对粪污进行无害化处理，将沼气转化为电力自给自足。此技术具有污泥量少、运行费用低，回收能源等优势，同时可以控制生产过程中污染物的流向，降低猪本身受污染的程度，控制疫病。

图9-5 沼气发酵设施

通过实施"猪—沼气发电—作物和养殖"综合利用模式，实现猪场粪便污水零排放。既能解决养猪场粪便污水的污染问题，改善猪场周围农村居民生产和生活条件，又能为猪场和附近农户提供清洁的能源，同时还能为场内和周边农民提供无害化优质有机肥料。

（二）技术路线

废弃物处理相关技术路线见图9-6。

（三）生态养殖模式——沼液还田的生态养殖

1. 发酵床养殖技术优点　粪污采用沼气发酵处理系统进行无害化处理，形成良性生态循环系统，养殖场污水经过厌氧发酵变成有机液肥还田生产农作物，可少施或不施农药和化肥，形成"猪→污染→治理→肥料→饲料→畜禽"生态循环系统。沼气池容量可达1 000m³，在保证污水及粪便供应充足的情况

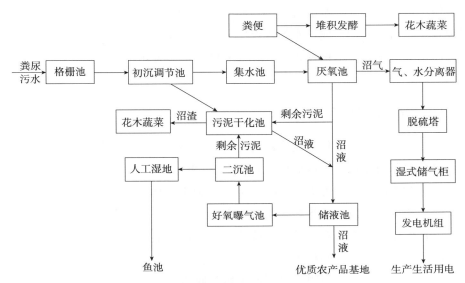

图 9-6 废弃物处理相关技术路线

下日发电可达 1 000kW 以上，充分保证猪场用电量，并减少了能源的浪费。

沼气发酵处理为解决养殖场普遍存在的粪尿流失、污染河道等问题找到了一条科学的出路，猪场周围的环境卫生也将因此得到很大程度的改善。

2. 关键技术

（1）沼液还田 沼渣、沼液可供应约 66.7hm² 农田，并可大大改善土壤的颗粒结构，从而增加土壤的肥力，增加农作物的产量，产品质量也大大提高，且化学污染少，形成良性生态循环系统，养殖场污水经过厌氧发酵变成有机液肥还田生产农作物，可少施或不施农药和化肥，形成"猪→污染→治理→肥料→饲料→畜禽"生态循环系统，符合可持续发展的需要。

（2）干湿分离技术 高效环保，并产生有机肥。猪粪便经过处理，变废为宝，使有害有机粪污变为生产绿色无公害有机农副产品必需肥料，为农业提供增产增收、提高品质的肥源。尿污水经过厌氧发酵后，形成氮、磷、钾兼备的有机液肥，喷施于水果上，可防虫、增产，提高农产品品质。

三、常州市焦溪二花脸猪专业合作社模式

（一）废弃物处理及利用模式

采用固体粪肥的处理方法，采用干法清粪工艺，采取有效措施将粪及时、

153

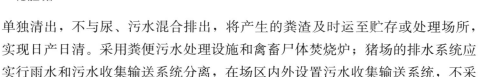

单独清出，不与尿、污水混合排出，将产生的粪渣及时运至贮存或处理场所，实现日产日清。采用粪便污水处理设施和禽畜尸体焚烧炉；猪场的排水系统应实行雨水和污水收集输送系统分离，在场区内外设置污水收集输送系统，不采用明沟布设。

（二）猪粪便的贮存

（1）养殖场产生的猪粪便应设置专门的贮存设施，其恶臭及污染物排放应符合《畜禽养殖业污染物排放标准》（GB 18596—2001）。

（2）贮存设施的位置必须远离各类功能地表水体（距离不得小于400m），并应设在猪场生产及生活管理区的常年主导风向的下风向或侧风向处。

（3）贮存设施应采取有效的防渗处理工艺，防止猪粪便污染地下水。

（4）对于种养结合的猪场，粪便贮存设施的总容积不得低于当地农林作物生产用肥的最大间隔时间内本场所产生猪粪便的总量。

（5）贮存设施应采取设置顶盖等防止降雨（水）进入的措施。

（三）污水的处理

（1）猪场养殖过程中产生的污水应坚持种养结合的原则，经无害化处理后尽量充分还田，实现污水资源化利用。

（2）猪场污水经治理后向环境中排放，应符合《畜禽养殖业污染物排放标准》（GB 18596—2001）的规定，有地方排放标准的应执行地方排放标准。

（3）污水作为灌溉用水排入农田前，必须采取有效措施进行净化处理（包括机械的、物理的、化学的和生物学的处理），并须符合《农田灌溉水质标准》（GB 5084—2005）的要求。

（4）在猪场与还田利用的农田之间应建立有效的污水输送网络，通过车载或管道形式将处理（置）后的污水输送至农田，要加强管理，严格控制污水输送沿途的弃、撒和跑、冒、滴、漏。

（5）猪场污水排入农田前必须进行预处理（采用格栅、厌氧、沉淀等工艺），并应配套设置田间储存池，以解决农田在非施肥期间的污水出路问题；田间储存池的总容积不得低于当地农林作物生产用肥的最大间隔时间内养殖场排放污水的总量。

（6）对没有充足土地以消纳污水的猪场，可根据当地实际情况选用下列综合利用措施。

①经过生物发酵后，可浓缩制成商品液体有机肥料。

②进行沼气发酵，对沼渣、沼液应尽可能实现综合利用，同时要避免产生新的污染，沼渣及时清运至粪便贮存场所；沼液尽可能进行还田利用，不能还田利用并需外排的要进行进一步净化处理，达到排放标准。沼气发酵产物应符合《粪便无害化卫生要求》（GB 7959—2012）。

（7）制取其他生物能源或进行其他类型的资源回收综合利用，要避免二次污染，并应符合《畜禽养殖业污染物排放标准》（GB 18596—2001）的规定。

（8）污水的净化处理应根据养殖种养、养殖规模、清粪方式和当地的自然地理条件，选择合理、适用的污水净化处理工艺，尽可能采用生物处理的方法，达到回用标准或排放标准。

（9）污水的消毒处理提倡采用非氯化的消毒措施，要注意防止产生二次污染物。

（四）粪肥的处理利用

1. 土地利用

（1）猪粪便必须经过无害化处理，并且须符合《粪便无害化卫生要求》（GB 7959—2012）后，才能进行土地利用，禁止未经处理的猪粪便直接施入农田。

（2）经过处理的粪便作为土地的肥料或土壤调节剂来满足作物生长的需要，其用量不能超过作物当年生长所需养分的需求量。在确定粪肥的最佳使用量时需要对土壤肥力和粪肥肥效进行测试评价，并应符合当地环境容量的要求。

（3）对高降雨区、坡地及沙质容易产生径流和渗透性较强的土壤，不适宜施用粪肥或粪肥使用量过高易使粪肥流失引起地表水或地下水污染时，应禁止或暂停使用粪肥。

（4）对没有充足土地以消纳利用粪肥的大中型养殖场和养殖小区，应建立集中处理猪粪便的有机肥厂或处理机制。

（5）固体粪肥的堆制可采用高温好氧发酵或其他适用技术和方法，以杀死其中的病原菌和蛔虫卵，缩短堆制时间，实现无害化。

（6）高温好氧堆制法分自然堆制发酵法和机械强化发酵法，可根据本场的

具体情况选用。

2. 饲料和饲养管理

（1）猪饲料应采用合理配方，如理想蛋白质体系配方等，提高蛋白质及其他营养的吸收效率，减少氮的排放量和粪的产生量。

（2）提倡使用微生物制剂、酶制剂和植物提取液等活性物质，减少污染物排放和恶臭气体的产生。

（3）养殖场场区、猪舍、器械等消毒应采用环境友好的消毒剂和消毒措施，防止产生氯代有机物及其他的二次污染物。

第十章
二花脸猪开发利用与品牌建设

第一节　二花脸猪品种资源开发利用现状

常州市焦溪二花脸猪专业合作社从种猪推广利用和猪肉产品深加工两个方面同时进行开发利用，努力拉长产业链、提高效益、提升水平，促进品种保护区可持续发展。

一、加强种猪推广利用

常州市焦溪二花脸猪专业合作社专门建立了网站，宣传推广二花脸猪种猪和二元杂交母猪，注册了"焦溪舜山二花脸母猪"原产地证明商标，申请了"焦溪二花脸猪"农产品地理标志登记（图 10-1），特别是通过央视七套《科技苑》栏目播放的专题片，打响了焦溪二花脸猪的品牌，提高了在全国范围内的知名度。二花脸猪种母猪远销云南、广东、四川、湖南、河南、湖北、安

图 10-1　商标注册证书与农产品地理标志证书

徽、浙江、江苏等全国各地。

二、开发二花脸猪肉的深加工产品

常州市焦溪二花脸猪专业合作社建立了2个二花脸猪肉猪饲养基地和1个二花脸猪肉加工基地，把基地二花脸猪纯繁小公猪和不能留作种用的小母猪养成肉猪，进行深加工，在原有"焦溪扣肉""舜山牌红烧肉""红烧蹄髈"的基础上，开发了真空包装的扣肉、蹄髈、排骨、猪肚、猪尾巴、猪手，以及二花脸猪肉咸火腿、咸猪头、分割冷鲜肉等系列产品。常州市焦溪二花脸猪专业合作社注册了"焦溪舜溪猪肉"原产地证明商标，2011年拿到了江苏省无公害畜禽产地和农业部无公害农产品证书（图10-2），建成了二花脸猪冷鲜肉质量安全追溯体系，2014年申请成为江苏省放心吃联盟网企业。常州市焦溪二花脸专业合作社在常武地区开了3家专卖店（图10-3），并在省内拥有8家专供店，2家连营店。

图 10-2　产地认定证书和无公害农产品证书

图 10-3　二花脸猪肉专卖店

二花脸猪种猪的销量受全国猪肉市场起伏的影响较大，而二花脸猪肉深加工产品的销量则有逐步上升的趋势。据不完全统计，品种保护区内二花脸猪种猪年销量 2013 年为 8 420 头，2014 年为 6 000 头，2015 年为 3 700 头，2016 年为 7 275 头；二花脸猪肉系列产品年销量 2013 年为 350t，2014 年为 360t，2015 年为 375t，2016 年为 450t。

第二节　二花脸猪主要产品加工及产业化开发

一、主要产品加工

（一）二花脸猪肉的深加工

1. 一般要求

（1）主料应符合《食品安全国家标准　鲜（冻）畜、禽产品》（GB 2707—2016）的规定。

（2）配料应新鲜无霉变。

（3）调味品应符合《食品安全国家标准　食品添加剂使用标准》（GB 2760—2014）的规定。

（4）清洗、加工用水均用自来水，应符合《生活饮用水卫生标准》（GB 5749—2006）的规定。

（5）内、外包装材料应符合《食品安全国家标准　食品接触用塑料材料及制品》（GB 4806.7—2016）的规定。

2. 产品配方　二花脸猪肉不同产品的配方见表 10-1。

表 10-1　产品配方

产品	主料	配料	调味品	单件净重（g）	内包装	外包装
扣肉	五花肉	梅干菜、姜、葱	糖、酒、酱油	500	定型碗、复合铝膜袋	薄膜袋
红烧肉	五花肉	梅干菜、姜、葱	糖、酒、酱油	500	定型碗、复合铝膜袋	薄膜袋
红烧蹄髈	坐臀肉	姜、葱	糖、酒、酱油	500	定型碗、复合铝膜袋	薄膜袋
红烧排骨	肋条肉	姜、葱	糖、酒、酱油	400	复合铝膜袋	薄膜袋

3. 制作工艺

（1）洗净　主料除去残毛，清洗干净；配料适当浸泡，清洗干净。

（2）煮熟　原块主料放入锅内，按比例加入糖、酒、酱油、姜、葱，再加入适量的水，煮熟。

（3）冷却切块　煮熟的主料捞出，稍冷后按不同产品要求切成小块。

（4）计量入内包装　先将产品计量，然后把块肉肉皮朝下码放在定型碗中，再放上洗净的梅干菜（红烧蹄髈不加），最后加入汤汁，放入复合铝膜袋，密封碗口。红烧排骨直接计量放入复合铝膜袋，封口。

（5）高温杀菌　于120℃杀菌15min。

（6）冷却入外包装　冷却后，放入外包装，封口。

（二）案例

以二花脸猪扣肉加工技术为例。

1. 原料配比　生鲜五花肉430 g，梅干菜20 g，冰糖90 g，黄酒10 g，酱油10 g，姜3 g，葱3 g。

2. 制作工艺　生鲜五花肉除去残毛，清洗干净；梅干菜浸泡4～5h，清洗干净；洗净的五花肉放入锅内，按比例加入冰糖、黄酒、酱油、姜、葱，再加入适量的水，煮熟；煮熟的五花肉捞出，稍冷后顺丝切成长9cm、宽0.8cm的肉块；先将洗净的梅干菜放入碗底，再将10块肉肉皮朝上码放在碗中，最后加入汤汁使毛重达到515 g；上笼，蒸焖适时；下笼，冷却后立即封口。

二、产业化开发

苏州苏太企业有限公司利用国家级太湖猪（二花脸猪、梅山猪）保种场的二花脸猪等地方种质资源，进行优质猪肉产品的产业化开发，通过注册"苏太"商标，开发出了根据不同消费层次的苏太佳品猪肉、苏太精品猪肉、苏太极品猪肉等"苏太"牌系列猪肉产品，取得了很好的社会效益及经济效益。

（一）产品推广

由于人民生活水平的提高，人们对于地方猪种的优良肉质越来越重视，用地方猪种改良商品猪肉质已被很多养殖企业采用。以前主要为农户、小规模猪场引进太湖流域地方猪种，现在已有部分大型规模化企业也引进太湖流域地方猪种，目的在于生产优质地方猪肉，满足日益增长的消费者需求。通过苏州苏太企业有限公司的宣传推广，包括专业报刊、杂志的广告宣传、展览会展示等，近三年推广种猪 4 600 多头，推广到全国 21 个省、自治区、直辖市。

（二）产品开发

1. 肉质测定　二花脸猪肉的优点是肉质品味鲜美，肉色红润，系水力强而肉面爽滑，大理石纹均匀细致，肌内脂肪丰富而细嫩多汁。但是，纯种地方猪生长速度慢，瘦肉率低，饲养成本较高，因此苏州苏太企业有限公司考虑商品猪随着外来血统的逐步增加，地方品种血统的逐步减少，在提高商品猪生长速度、瘦肉率的同时，不降低其猪肉的品质，既使饲养成本降低，又可保证猪肉销售的经济效益。为此，该公司分析了不同地方猪种血统含量商品猪的肉质特点（表 10-2）。

表 10-2　不同二花脸猪血统比例商品猪的肉质特点

二花脸猪品种血统占比（%）	猪数（头）	肉色	大理石纹	pH	肌肉脂肪含量（%）	嫩度（kg）	滴水损失（%）
100	12	3.03	3.13	6.11	3.45	3.08	1.87
75	8	3.07	3.02	6.13	3.16	2.89	1.95
50	18	2.92	3.05	6.12	2.83	2.96	2.04
25	15	2.88	2.88	6.05	2.12	3.29	2.34
12.5	8	2.67	2.63	6.01	1.73	3.35	2.86

注：测定选用猪的品种为二花脸猪、杜洛克猪、大约克夏猪。

由表 10-2 可以看出，随着外来血统的逐步增加，肉质变差，肉色变淡，肌内脂肪含量降低，滴水损失增加，即系水力降低。

2. 邀请专家、消费者进行肉质品尝、评定　苏州苏太企业有限公司对各品种猪肉分别采用加佐料与不加佐料两种烹饪方法，邀请专家、消费者进行肉质品尝、评定。对评定情况进行分析汇总，结果显示，地方品种血统比例高的猪肉细嫩多汁、品味鲜美。

3. 确定产品结构　苏州苏太企业有限公司根据肉质测定及评定的结果，确定不同的猪肉价格。地方品种血统比例高的猪肉价格高，地方品种血统比例低的猪肉价格则低，这不同于一般市场上根据瘦肉率高低来确定猪肉价格，即瘦肉率高则价格高，瘦肉率低则价格低。例如，二花脸猪肉（100% 地方品种），专卖店销售价在 120 元/kg 以上，是一般市场上猪肉价格（35 元/kg）的近 3.5 倍，销售一头二花脸猪肉猪比销售一头种猪利润还高，但由于价格较

高，市场需求量不大。而50％地方品种血统的猪肉虽比一般市场上猪肉价格高出30％以上，但价格比较适中，市场需求量较大。

因此，苏州苏太企业有限公司根据不同的市场需求，开发了不同的猪肉产品，即纯种二花脸猪（100％地方品种血统比例）、二花脸猪二元杂交猪（50％地方品种血统比例）、二花脸猪三元杂交猪（25％地方品种血统比例），并分别冠以商品名为极品猪肉、精品猪肉、佳品猪肉。

（三）创建地方猪肉品牌

1. 搭建"四自"产业框架，实施"四化"产业模式

（1）四自　即猪肉产品的生产实行自繁、自养、自宰、自售一体化经营，在保障产品品质、奠定优质品牌基础方面，发挥了重要的作用，有利于特色优质猪肉品牌的建立。在建立保种基地的基础上，苏州苏太企业有限公司投入1 000多万元，完成了肉类屠宰加工工艺的升级改造。不同的猪肉系列产品，均以冷鲜猪肉的形式，分别分割成条肉、大排、小排、肉酱、肉丝等，然后进行小包装。公司生产、加工的猪肉产品全部通过自设的专卖店销售，目前已设立专卖店50多家（图10-4）。

图10-4　"苏太"肉专卖店

（2）四化　即生产基地化、产品无公害标准化、产品信息可追溯化、加工运输冷链化。

①生产基地化　特色优质猪肉全部来自苏州苏太企业有限公司自有生产基地，根据市场的不同需求开发多元化产品，如通过太湖猪纯种肉猪开发生产极品猪肉，定位最高端市场，售价120元/kg；以太湖猪为母本生产的杂交肉猪开发生产精品猪肉，定位小康群体市场，售价50元/kg。

②产品无公害标准化　从种猪到产品销售，制订了一系列标准与操作规程，并有效实施。特别是在屠宰加工、销售环节，先后制定了《猪肉质评定方法》《产品包装标识》《产品加工、配送流程及环境要求》《销售网店（点）四统一要求》等。

③产品信息可追溯化　初步建成了产品信息电子可追溯系统。通过对与产品安全性有关的生产加工信息进行记录、归类和整理，通过网络信息技术提供给消费者，维护消费者对所消费猪肉的知情权，增强其消费信心。

④加工运输冷链化　肉猪屠宰后，加工、运输、销售实行全程冷链，对极品猪肉还实施充气保鲜包装。

2. 培育推广地方品牌　二花脸猪虽然有一定的知名度，但是为了进一步扩大影响，苏州苏太企业有限公司加强了对猪种的宣传推广工作，如与央视七套合作，拍摄二花脸猪宣传片；印制二花脸猪饲养手册；常年在《养猪》杂志上刊登二花脸猪广告；在北京、南京、杭州、上海、扬州、苏州等地的各种畜牧产品展销会上展销二花脸猪种猪及猪肉系列产品，进一步提高了太湖猪在全国的知名度。

在对猪肉产品进行生产开发的同时，苏州苏太企业有限公司持续对"苏太"品牌及企业动态进行多种方式的宣传，特别是产品的差别化宣传，以突出"苏太"品牌优质猪肉的内涵及与普通猪肉的不同之处。建成了公司网站（http：//www.sutaiqiye.com/cn）；与《苏州日报》《苏州电视报》《城市商报》等合作，开设专栏，积极宣传优质特色猪肉产品。此外，该公司从2007年下半年开始，坚持实施每周六猪肉产品进社区现场推介、宣传活动，并开展"苏太"肉产品预订免费送货到家优质服务活动。通过品牌创建和宣传，"苏太"牌猪肉深受消费者欢迎，已成为苏州优质猪肉品牌（图10-5），"吃'苏太'猪肉，品放心美味"的广告语已成为消费者的真实消费行为。自2004年开始，"苏太"猪肉连续获"江苏省名牌产品""江苏省名牌农产品""苏州市十大农产品"称号（图10-6）。

图10-5　"苏太"商标

图10-6　苏州市十大农产品商标

苏州苏太企业有限公司通过对优质猪肉品牌的开发，增加了太湖猪的附加值，延长了产业链，增加了保种场的生产收入，降低了保种成本。保种母猪生产的后代，除用作留种及销售种猪外，其余全部作为生产优质太湖猪肉系列产品供应市场。该公司以"苏太"品牌生产的优质猪肉每年销售在3万头以上，丰富了消费者的菜篮子。

第三节　二花脸猪品种资源开发利用前景与品牌建设

一、传统模式的开发利用与品牌建设

遗传资源的保护是为了开发利用，而没有开发利用也很难进行遗传资源的保护。为了使二花脸猪的遗传资源保护走上良性循环和持续发展的道路，就必须从猪种推广利用和肉品开发两方面开展工作。

1. 猪种推广利用方面　二花脸猪母猪具有高生产力且能耐低营养水平饲养的特点，可较好地利用优质青粗饲料，使用寿命较长。因此，二花脸猪这些优异特性对我国乃至世界养猪业的发展具有十分重要的利用价值。对二花脸猪提纯复壮、扩繁、推广，可为我国发展高品质养猪生产做出更大贡献。苏州苏太企业有限公司拟进一步扩充公猪，丰富品种结构；实行良种登记，逐步提高猪群质量，实行优质优价，发挥品牌效应；加强功能性种质特性研究，提高选育水平和效率；对员工进行系统的科学技术培训以便实行标准化生产管理；在做好宣传推广的同时，组织好种猪售后的配套服务（包括种猪安全运输、售后信息反馈、技术咨询服务等工作）。

2. 肉品开发方面　二花脸猪作为我国珍贵的地方品种资源，一直以肉鲜味美而闻名于世，如此优良的肉质特性为生产高品质二花脸猪肉产品提供了天然的育种资源。然而优质的肉质特性往往与生长速度慢、瘦肉率低、饲料报酬低等缺点紧紧相连，这些缺点限制了二花脸猪的推广和利用。因此，培育二花脸猪优质肉新品系，对于二花脸猪资源的保护和开发利用具有非常重要的意义。

常州市焦溪二花脸猪专业合作社制定了"开发利用三步走"的目标。第一步，让二花脸猪肉走上餐桌，在常武地区的酒店（饭店）推出用二花脸猪肉制作的焦店扣肉、舜山牌红烧肉、红烧蹄髈；第二步，开设二花脸猪肉专卖店，供应纯正优质的二花脸猪肉，在打击市场假冒产品的同时，实现优质优价；第三步，开发二花脸猪冰鲜猪肉，以小包装的形式进入超市，充分利用二花脸猪的优良肉质特性，积极开发二花脸猪肉深加工产品。

二、互联网模式下的开发利用与品牌建设

2009 年，著名的互联网公司网易宣布进军猪业，曾一度引发大众的广泛关注。不久之后，网易的养猪场落户在浙江省湖州市安吉县，总面积约 80hm^2。

有趣的是，网易并没有去养传统的外三元杂交猪，而是从常熟市牧工商总公司二花脸猪国家级保种场购买了二花脸猪母猪和苗猪，并采取福利化、无害化的养殖模式，借助互联网宣传及网络销售渠道，将二花脸猪重新包装，使得二花脸猪在网易的养殖与销售模式下"身价"飞涨。2016 年，"网易猪"拍卖甚至出现了 27 万元一头的高价，博得了大众的眼球。

网易的成功有以下几点原因：

（1）随着人们生活水平的提高，人们对食品安全问题越来越重视，对猪肉的需求也从"量"上升到了"质"的水平，尤其是瘦肉精事件，把猪肉的安全问题推到了风口浪尖。我国作为猪肉最大的消费国，猪肉的品质与所有人的生活都息息相关，人们逐渐开始在意猪肉的品质问题。网易采取了福利化、无害化的养殖模式，并将养殖模式通过网络直播进行普及，将"放心猪肉"的理念传达给大众，让人们"眼见为实"，并开始愿意为品质猪肉买单。

（2）网易通过设计二花脸猪卡通形象，取名"阿花"，并为"阿花"改编了多首歌曲，将二花脸猪从一个生僻的地方猪品种打造成一个大众能普遍接受的品牌形象，这让网易的二花脸猪从众多生态养殖的黑猪中脱颖而出，更被大众所关注。

（3）"网易严选"作为网易的商对客电子商务模式（Business-to-consumer，B2C）线上平台，其理念就是线上销售高品质的产品。在互联网高度发达与便利的今天，通过互联网购买肉品已经成为不少人的选择，而像网易这种自产自销的模式，省去了不少中间环节，肉品的运输采用全程冷链，使得肉品的品质更让人放心，人们更愿意买单。

第四节　二花脸猪前沿研究与展望

研究人员正在开展二花脸猪优质肉猪种质资源的创新利用及桑叶粉降低二

花脸肉猪背膘厚新技术的试验研究。前者主要广泛收集二花脸猪种质资源，测定和评价肉质性状，建立二花脸猪肉质信息资源库，并利用与二花脸猪优良肉质性状相关的分子遗传标记，结合常规选育技术，辅助选择培育二花脸猪优质肉猪新品系；后者主要引进育肥猪饲用桑叶粉技术，通过试验研究，明确桑叶粉降低二花脸猪背膘厚度的作用及适宜用量，集成桑叶粉降低二花脸猪肉猪背膘厚新技术。这些研究将对二花脸猪肉的产品开发提供技术支撑。

为保证二花脸猪保护区保种模式的健康发展，下一步的工作在于加大保种力度，使常州市焦溪二花脸猪专业合作社与保种基地的利益紧密结合，加速由当前数量型保种的生产方式转变为质量效益型保种方式。一要有高度的思想认识，要认识到为国家承担保种任务的光荣感、使命感和责任感，以及做好地方良种猪的保种选育来提供性能优良的种猪是为国家养猪生产做贡献，要认识到种猪业生产与一般养猪生产不同，要保证种猪健康，提高种猪性能，共创品牌，争创效益。二要有强大的经济实力，使常州市焦溪二花脸猪专业合作社的经营管理向高层次发展，运用市场经济规律，实行优质优价，发挥品牌效应，提高保种选育效益，要遵照二花脸猪品种标准，对种猪进行各阶段测定与考核，评定种猪等级。三要有科学的生产水平，通过系统培训，不断提高保种基地的科学饲养与管理水平。常州市焦溪二花脸猪专业合作社要继续探讨核心基地和畜牧科技类公司的示范带动作用，使其在科研、规模、效益方面率先做大做强，在保种、选育、扩繁、利用上挑起大梁，通过更紧密的企业化运作，承担起二花脸猪长期保存和种猪业发展的社会责任。四要有完善的设施条件，对照农业农村部国家级遗传资源保护区标准，进一步提升保护区的建设水平。

参 考 文 献

包承玉，曹文杰，徐朝哲，等，1984. 不同营养水平对二花脸肥猪采食、胴体和消化率的影响 [J]. 江苏农业科学 (5)：11

陈杰，黄瑞华，李齐贤，等，2013. 二花脸猪的种质资源研究进展和开发利用经验 [J]. 中国猪业，8 (S1)：72-75.

陈杰，姜志华，刘红林，等，1999. 二花脸猪 $FSH\beta$ 亚基位点 PCR-SSCP 标记与产仔数关系初探 [J]. 南京农业大学学报，22 (2)：55-58.

陈杰，刘红林，姜志华，等，2002. 二花脸猪 FSHR 座位 PCR-SSCP 标记与产活仔数的关系 [J]. 南京农业大学学报，25 (3)：53-56.

陈克飞，黄路生，李宁，等，2000. 猪雌激素受体（ESR）基因对产仔数性状的影响 [J]. Journal of Genetics and Genomics，27 (10)：853-857.

慈溪地方志编委会，1992. 慈溪县志 [M]. 杭州：浙江人民出版社.

杜红丽，陈静，张玉山，等，2008. 二花脸与杜洛克猪繁殖相关基因表达差异 [J]. 华南农业大学学报，29 (2)：99-103.

范必勤，胡家帆，黄夺先，等，1980. 二花脸猪繁殖生理特性的研究（Ⅲ）——Ⅲ. 母猪性行为和生殖机能的发展 [J]. 畜牧与兽医 (3)：12-15.

冯娜，王凤来，曹洪战，等，2017. 关于我国地方猪营养需求和饲养模式的探讨与分析 [J]. 猪业科学 (4)：21.

冯淑怡，罗小娟，张丽军，等，2013. 养殖企业畜禽粪尿处理方式选择、影响因素与适用政策工具分析——以太湖流域上游为例 [J]. 农业大学学报（社会科学版），103 (1)：12-18.

冯宇，徐小波，胡东伟，等，2014. 二花脸猪及其杂种猪的育肥性能与胴体肉质 [J]. 养猪 (5)：75-77.

付言峰，王爱国，李兰，等，2013. 猪胚胎附植期 Eph A4 的组织表达及其多态性对产仔数的影响 [J]. 中国农业大学学报，18 (3)：128-137.

葛云山，徐筠遐，杨锐，等，1982. 二花脸猪胚胎期生长发育特性的研究 [J]. 畜牧兽医学报，13 (2)：87-94.

葛云山，杨锐，徐筠遐，等，1981. 二花脸猪生长发育特性的初步观察 [J]. 江苏农业科学 (5)：45-47.

郭时金，付石军，张志美，等，2013. 规模化养殖场废弃物无害化处理及资源化利用现状研究 [J]. 家禽科学 (11)：42-47.

姜志华，刘红林，1997. 二花脸和大约克猪早期生长性状的母体效应与基因效应研究 [J].

南京农业大学学报，20（3）：69-72.

李灵璇，胡东卫，贺丽春，等，2016. 太湖流域地方猪种高产生理机制的研究进展［J］. 畜牧与兽医，48（1）：123-127.

李平华，马翔，张叶秋，等，2017. 影响二花脸猪高产仔性能的生理及遗传机制研究进展［J］. 遗传，39（11）：1016-1024.

林国珊，2013. 二花脸猪特异选择位点与猪产仔数的关联性分析［D］. 南昌：江西农业大学.

林万华，黄路生，艾华水，等，2002. MyoG 基因型对二花脸猪早期生长性状及肌肉组织学特性的影响［J］. 农业生物技术学报，10（4）：367-372.

刘卫东，吴常信，陶立，2006. 中国地方品种淮猪 *FSHβ* 亚基、*ESR* 和 *HAL* 基因的多态性及其产仔效应分析［J］. 中国畜牧杂志，42（15）：4-7.

柳淑芳，闫艳春，杜立新，2002. 莱芜黑猪 *FSHβ* 亚基基因的多态性分析［J］. 山东农业大学学报（自然科学版），33（4）：403-408.

马翔，2019. 二花脸猪产仔数变异的生理特征挖掘和关键基因鉴别［D］. 南京：南京农业大学.

马翔，李平华，贺丽春，等，2014. 二花脸猪品种内总产仔数变异的分子遗传机制初步解析［C］. 中国畜牧兽医学会信息技术分会 2014 年学术研讨会.

孟益宏，2006. 江苏畜产品竞争力提升研究［D］. 扬州：扬州大学.

施启顺，柳小春，刘志伟，等，2006. 5 个与猪产仔数相关基因的效应分析［J］. 遗传，28（6）：652-658.

宋成义，2006. *ESR* 和 *FSHβ* 基因对苏太猪断奶存活率影响的研究［J］. 猪业科学，23（8）：54-55.

宋志芳，曹洪战，芦春莲，2016. 背膘厚对母猪繁殖性能的影响［J］. 中国猪业（11）：69-71.

孙丽亚，王宵燕，宋成义，等，2008. 苏姜猪 *ESR* 基因和 *FSHβ* 基因的多态性与繁殖性能的相关性研究［J］. 安徽农业科学，36（13）：5457-5458.

太湖猪育种委员会，1991. 中国太湖猪［M］. 上海：上海科学技术出版社.

谈永松，徐银学，韦习会，等，2006. 二花脸猪某些免疫指标的测定与分析［J］. 上海畜牧兽医通讯（6）：26-28.

王恒，2009. *ESR* 和 *FSHβ* 基因与安徽四个地方猪种产仔性状的关联分析［D］. 合肥：安徽农业大学.

王林云，2010. 有关太湖猪的几个故事［C］. 养猪三十年记——纪念中国改革开放养猪 30 年文集.

王寿宽，2000. 二花脸猪育肥性能的测定［J］. 畜牧与兽医，32（2），DB32/T 442—2009.

吴圣龙，鞠慧萍，孙鹏翔，等，2007. 苏太猪 *SLA-DQB* 和 *SLA-DRB* 基因第 2 外显子多态性及其与繁殖性能的关联分析［J］. 农业生物技术学报，15（4）：606-611.

吴延博，陈从英，张志燕，等，2009. 猪精子黏合分子 1（*SPAM*1）基因在白色杜洛克×二花脸 F₂ 资源群体中的遗传变异及其与母猪产仔数的关联性［J］. 中国农业科学，42（6）：2111-2117.

肖先娜，2011. 太湖猪养殖历史研究［D］. 南京：南京农业大学.

徐小波，冯宇，陆志强，等，2015. 二花脸猪产仔数性状的分子标记及其效应分析［J］. 江苏农业学报（3）：579-582.

薛春林，邓亮，谢式云，等，2013. ESR 和 FSHβ 基因对丹系长白猪产仔数的影响［J］. 黑龙江畜牧兽医（7）：46-47.

叶丽锦，2011. 季节、胎次、配种次数及断奶日龄对母猪性能的影响［J］. 农家之友（理论版）（3）：22-25.

佚名，1998. 太湖流域历史发展的轨迹（一）［J］. 江南论坛（4）：44-46.

赵默然，贺丽春，马翔，等，2016. 与太湖流域地方猪种产仔性状相关的候选基因和 QTL 研究进展［J］. 畜牧与兽医，48（2）：119-123.

赵要风，李宁，肖璐，等，1999. 猪 FSHβ 亚基基因结构区逆转座子插入突变及其与猪产仔数关系的研究［J］. 中国科学，29（1）：81-86.

郑丕留，1992. 中国家畜生态［M］. 北京：农业出版社.

朱璟，叶兰，潘章源，等，2010. 苏太猪 SLA-DQA 基因 SNP 检测及其对部分经济性状的遗传效应分析［J］. 中国畜牧杂志，46（23）：5-8.

Anderson L，1978. Growth，protein content and distribution of early pig embryos［J］. The Anatomical Record，190（1）：143-153.

Bosse M，Megens H J，Frantz L A，et al，2014. Genomic analysis reveals selection for Asian genes in European pigs following human-mediated introgression［J］. Nature Communications，15（5）：4392.

Bosse M，Megens H J，Frantz L A，et al，2014. Genomic analysis reveals selection for Asian genes in European pigs following human-mediated introgression［J］. Nature Communications，5：4392. DOI：10. 1038/ncomms5392.

Buske B，Sternstein I，Brockmann G，2006. QTL and candidate genes for fecundity in sows ［J］. Animal Reproduction Science，95（3/4）：167-183.

Bussmann U A，Bussmann L E，Baraiiao J L，2006. An Aryl hydrocarbon receptor agonist amplifies the mitogenic actions of estradiol in granulosa cells：evidence of involvement of the cognate receptors［J］. Biology of Reproduction，74（2）：417-426.

Du H L，Chen J，Cui J X，et al，2009. Polymorphisms on SSC15q21-q26 containing QTL for reproduction in swine and its association with litter size［J］. Genetics and Molecular Biology，32（1）：69-74.

He L C，Li P H，Ma X，et al，2017. Identification of new single nucleotide polymorphisms affecting total number born and candidate genes related to ovulation rate in Chinese Erhualian pigs［J］. Animal genetics，48（1）：48-54.

Jablonska O，Piasecka J，Ostrowska M，et al，2011. The expression of the aryl hydrocarbon receptor in reproductive and neuroendocrine tissues during the estrous cycle in the pig［J］. Animal Reproduction Science，126（3）：221-228.

Li K，Ren J，Xing Y，et al，2009. Quantitative trait loci for litter size and prenatal loss in a White Duroc × Chinese Erhualian resource population［J］. Animal Genetics，40（6）：963-966.

Ma X，Li P H，Zhu M X，et al，2018. Genome-wide association analysis reveals genomic

regions on chromosome 13 affecting litter size and candidate genes for uterine horn length in Erhualian pigs ［J］. Animal an International Journal of Animal Bioscience. DOI: 10. 1017/S1751731118000332.

Rothschild M F, 1996. Genetics and reproduction in the pig ［J］. Animal Reproduction Science, 42 (1): 143-151.

Rothschild M, Jacobson C, Vaske D, et al, 1996. The estrogen receptor locus is associated with a major gene influencing litter size in pigs ［J］. Proceedings of the National Academy of Sciences of the United States of America, 93 (1): 201-205.

Samborski A, Graf A, Krebs S, et al, 2013. Transcriptome changes in the porcine endometrium during the preattachment phase ［J］. Biology of Reproduction, 89 (6): 134.

Schadt E E, 2009. Molecular networks as sensors and drivers of common human diseases ［J］. Nature, 461 (7261): 218-223.

van Rens B T, deGroot P N, 2002. The effect of estrogen receptor genotype on litter size and placental traits at term in F_2 crossbred gilts ［J］. Theriogenology, 57 (6): 1635-1649.

Wang Z, Chen Q, Liao R, et al, 2016. Genome-wide genetic variation discovery in Chinese Taihu pig breeds using next generation sequencing ［J］. Animal Genetics, 48.

Zhang H, Wang S Q, Liu M Q, et al, 2013. Differential gene expression in the endometrium on gestation day 12 provides insight into sow prolificacy ［J］. BMC Genomics, 14 (1): 45.

Zhao Y F, Li Ning, Wu C X, et al, 1997. Follicle-stimulating hormone β subunit gene and litter size in swine ［C］. Proceedings of International Conference on Animal Biotechnology. Bei jing: International Academic Publishers.

Zhou Q Y, Fang M D, Huang T H, et al, 2009. Detection of differentially expressed genes between Erhualian and Large White placentas on day 75 and 90 of gestation ［J］. BMC Genomics, 10 (1): 337.

彩图1　二花脸猪后备母猪

彩图2　二花脸猪初产母猪

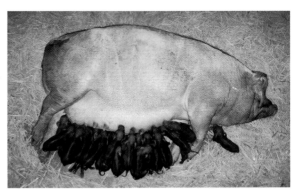

彩图3　二花脸猪二胎产21头仔猪

彩图4　二花脸猪三胎产26头仔猪

彩图5　保温箱内的仔猪

彩图6　二花脸猪保育猪

彩图7　二花脸猪马头型种公猪

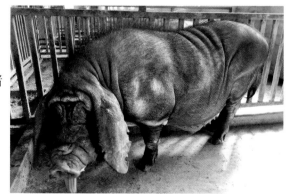

彩图8　二花脸猪狮头型种公猪